生物质高密度燃料
—— 催化合成与性能

徐娟　陕绍云　朱平　李向红　著

化学工业出版社

·北京·

内容简介

如今，可再生能源的开发和利用已经成为解决能源问题和实现"双碳"目标的重要手段。生物质能源作为可再生能源的分支，以资源丰富、可持续发展成为重要研究领域。本书围绕生物质高密度燃料的设计、合成与性能表征展开，着重介绍了不同类型催化剂的制备与应用，并分析了不同分子结构对燃料性能的影响。

本书可供从事新能源开发以及生物质资源综合利用的技术人员参考。

图书在版编目（CIP）数据

生物质高密度燃料：催化合成与性能／徐娟等著． 北京：化学工业出版社，2025.8．— ISBN 978-7-122 -48198-6

Ⅰ．TK63

中国国家版本馆 CIP 数据核字第 2025F0S271 号

责任编辑：邢　涛　　　　　文字编辑：王晓露
责任校对：杜杏然　　　　　装帧设计：韩　飞

出版发行：化学工业出版社
　　　　　（北京市东城区青年湖南街 13 号　邮政编码 100011）
印　　装：北京科印技术咨询服务有限公司数码印刷分部
710mm×1000mm　1/16　印张 14¼　字数 256 千字
2025 年 8 月北京第 1 版第 1 次印刷

购书咨询：010-64518888　　　售后服务：010-64518899
网　　址：http://www.cip.com.cn
凡购买本书，如有缺损质量问题，本社销售中心负责调换。

定　　价：138.00 元

前　言

随着全球能源需求的日益增长以及化石能源资源的日益枯竭，可再生能源的开发与利用已成为解决能源危机和环境问题的重要途径。在众多可再生能源中，生物质以其资源丰富、碳中性和可持续发展的特性，逐渐成为全球研究和开发的重点领域之一。生物质能源的利用形式多样，包括直接燃烧发电、气化制气、液化制油以及固体燃料的生产等。在这些利用方式中，生物质高密度燃料的催化合成技术作为新兴的研究热点，因其在提高生物质能量密度、优化燃烧性能、减少污染排放等方面的优势，吸引了越来越多的关注。通过催化技术对生物质的结构进行分子层面的调控，可以显著提高其转化效率和燃烧特性，从而实现高效、清洁和可持续的能源利用。

本书围绕生物质高密度燃料的催化合成与性能展开，系统介绍了生物质原料转化为高密度燃料的化学组成与催化转化原理，详细阐述了不同类型催化剂的制备与应用，分析了不同分子结构对燃料性能的影响。作者希望本书的研究为生物基高密度航空燃料的可持续发展提供科学依据，同时为松节油、植物油等生物质原料催化转化研究奠定基础。本书不仅对从事生物质高密度燃料的研究人员有重要的参考价值，而且可供相关专业的研究人员、高校教师、研究生参考使用。

本书由西南林业大学徐娟正高级实验师和李向红教授、昆明理工大学陕绍云教授和云南省特种设备安全检测研究院朱平高级工程师共同编著。本书相关研究内容得到了国家自然科学基金项目（项目编号：32360362）、云南省农业基础研究联合专项重点项目（项目编号：202301BD070001-158）和西南林业大学博士科研启动基金项目资助，在此表示感谢。

在撰写本书的过程中，作者团队汇聚了多年来在生物质能源研究中的实践经验和理论成果。尽管我们力求全面系统地呈现该领域的最新进展，但由于学术水平与认知能力的局限，不足之处敬请读者批评指正。

徐　娟

2024 年 12 月于西南林业大学

目 录

第 1 章

绪　论

1.1　背景简述

　　高密度碳氢燃料通常是指人工合成的密度大于 $0.80 \mathrm{g/cm^3}$ 的烷烃燃料，其为导弹、火箭以及飞机等各类航空航天飞行器提供动力保障。随着现代航空航天技术的发展，各种飞行器的航程、航速、有效载荷等一系列飞行性能有了极大的提高，这就要求其所使用的燃料具有更加优良的推进能力。高密度燃料具有比常规燃料更高的密度和体积热值。在发动机燃料箱容积一定的情况下，燃料密度越大，所能携带的燃料越多（质量）；而燃烧热值越高，则单位体积燃料所提供的能量越大，越能满足高航速、大载荷和远射程的要求。提高燃料的能量（或体积热值）是低成本提高航空航天飞行器推进性能的重要方式。

　　高密度碳氢燃料是一种高能量密度的液体烃类燃料，可由一种烃类组成，也可以是几种烃类的复配化合物。人工合成高密度碳氢燃料，是为了满足燃料的某些性能要求，通过一系列化学手段合成的具有特定结构和性能的碳氢化合物燃料。碳氢化合物的性质是由其分子结构（包括直链、支链、环状结构和空间构型等）决定的。研究表明，随着碳氢化合物碳原子数和环数的增加，其密度也随之增加，环烷烃因其更紧密的排列结构，含有相同碳原子数的环烷烃的密度大于链烃的。小环环烷烃拥有更高的环张力，能使其拥有更高的热值，燃烧时释放额外的能量，成为一类很有前景的高密度燃料。烷基取代基对碳氢化合物的冰点及黏度也有很大影响；同分子量的各同分异构体的物理性质有很大差别。因此，构建环数更多的分子是合成更高密度燃料的重要方式。但并不是环数越多就越好，因为过多环数会提高碳氢化合物的冰点和黏度，在特殊环境下无法作为高密度燃料正常使用。随着燃料分子环结构的增加，氢含量逐渐降低，导致其质量热值下降，在一定程度上抵消了密度增加带来的增益。作为高密度燃料还必须满足低温性能。为保证在低温环境下（例如太空、高空、极寒地带等）正常使用，一般要求燃料的冰点低于－40℃，并具有良好的流动性（低黏度）。

近年来，迫于能源短缺与环境恶化的双重压力，世界各国争相发展安全、环保、可再生的生物质能源。以生物质衍生物作为平台分子合成高密度燃料的研究日益受到重视。生物质具有来源广泛、成本低廉等优点，在制备高密度碳氢燃料方面具有很大的优势。同时利用生物质为原料合成高密度燃料，是可持续的，符合国家的生态文明建设理念和云南省的绿色发展理念。

1.2 生物质基制备高密度燃料研究进展

以生物质资源为原料制备高密度液体燃料已成为一个充满机遇和挑战的新课题。增加生物燃料能量含量的一个策略是偶联生物质衍生的平台分子，以增加最终碳氢化合物的碳数。常用的反应有醛醇缩合反应、氢化烷基化/烷基化反应、低聚反应、酮化反应、Diels-Alder（第尔斯-阿尔德）反应、格氏反应和酰基化反应等，并辅助以加氢或脱氧等后续处理。

1.2.1 以木质纤维素衍生物合成高密度燃料

木质纤维素是地球上最丰富的生物基原材料，由半纤维素（25%～35%），纤维素（40%～50%）和木质素（15%～20%）组成。木质纤维素衍生物是合成高密度燃料的重要原料。在水相或液相反应条件下，通过酶催化或化学催化，可从己糖和戊糖组分（源于纤维素和半纤维素）中获得多种 C_2～C_6 化学产品。同时，木质素可通过三种单烯醇降解为多种芳香化合物，其代表性的生物质衍生平台分子如图 1-1 所示。近年来，利用木质纤维素衍生物合成属于航空燃料范围的烷烃引起了人们极大的关注。

1.2.1.1 链烃燃料的合成及性能

在木质纤维素衍生物合成燃料的反应过程中，C—C 链的形成是将轻分子（碳数≤5）转化为生物燃料的关键步骤。合成链烃燃料，主要是通过纤维素和半纤维素降解的平台分子为原料来进行。Huber 等人以生物质衍生物六碳糖为原料制备不同碳原子数目的液体燃料，其反应路径如图 1-2 所示。首先通过酸

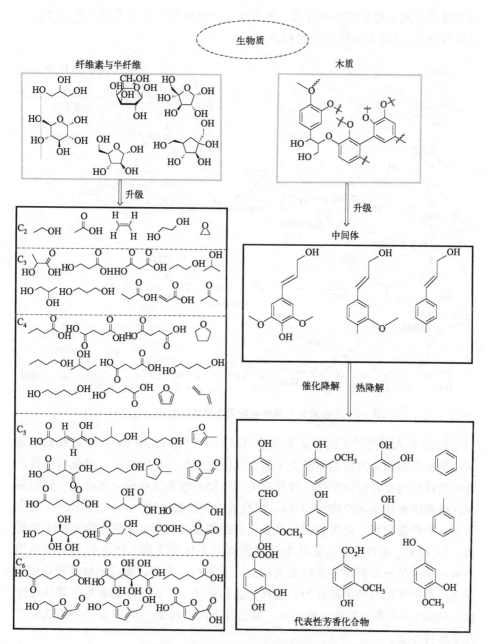

图 1-1　代表性的生物质衍生平台分子

催化脱水得到 5-羟甲基糠醛（HMF），一方面 HMF 通过加氢、自缩合、加氢脱氧得到 C_{12} 直链烷烃；另一方面以固体碱催化 HMF 和与丙酮进行交叉醛缩反应，通过调整进料 HMF 与丙酮比例，得到不同碳原子数目的缩合产物，通过该反应达到了延长碳链的目的。最后在双功能催化剂的作用下发生加氢脱氧反应得到 C_9 及以上直链烷烃燃料。

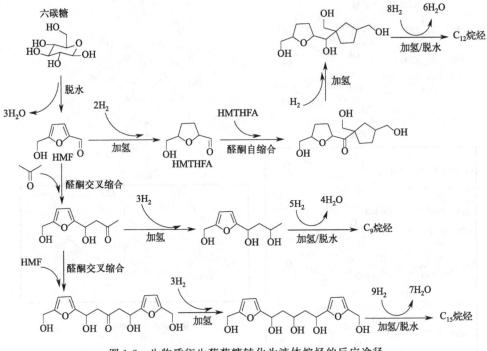

图 1-2　生物质衍生葡萄糖转化为液体烷烃的反应途径

Faba 等人研究了不同金属氧化物（Mg-Zr、Mg-Al 和 Ca-Zr）负载钯制备双功能催化剂催化丙酮和糠醛交叉缩合反应的性能。研究表明：催化活性及产物的选择性与材料的物理化学性质有关，主要与酸碱位点的分布有关。随后采用共沉淀法将碳纳米纤维（CNFs）或高表面积石墨（HSAGs）与 Mg-Zr 氧化物制备复合催化剂。结果表明，该催化剂的催化性能比本体氧化物有很大的提高。C_8 和 C_{13} 缩合产物生成速率分别提高了 4 倍和 7 倍，活性提高主要是因为碱性位点的分布和比表面积增大相关（图 1-3）。此外，通过调整碳质载体的形态，改善催化剂的失活行为。选择合适孔径的 HSAGs 可显著提高催化稳定性。HSAG100 在连续反应周期下，其活性下降不到 20%，缩合产物的选择性几乎保持不变。

Yati 等人采用固体酸催化木糖衍生的 2-甲基呋喃（2-MF）生成三聚体制备 C_{15} 烃柴油前驱体。反应体系中水的加入显著提高了对三聚体柴油前驱体的选择性，抑制了四聚体的形成。对 2-甲基呋喃的缩合产物进行加氢脱氧，得到了碳氢化合物，提高了柴油产率（图 1-4）。

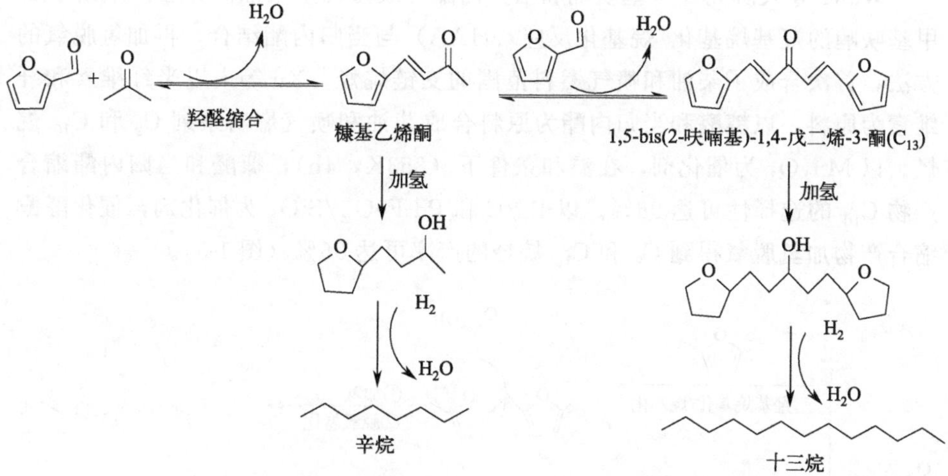

图 1-3 呋喃醛与丙酮羟醛缩合合成 C_8 和 C_{13} 烷烃反应路径

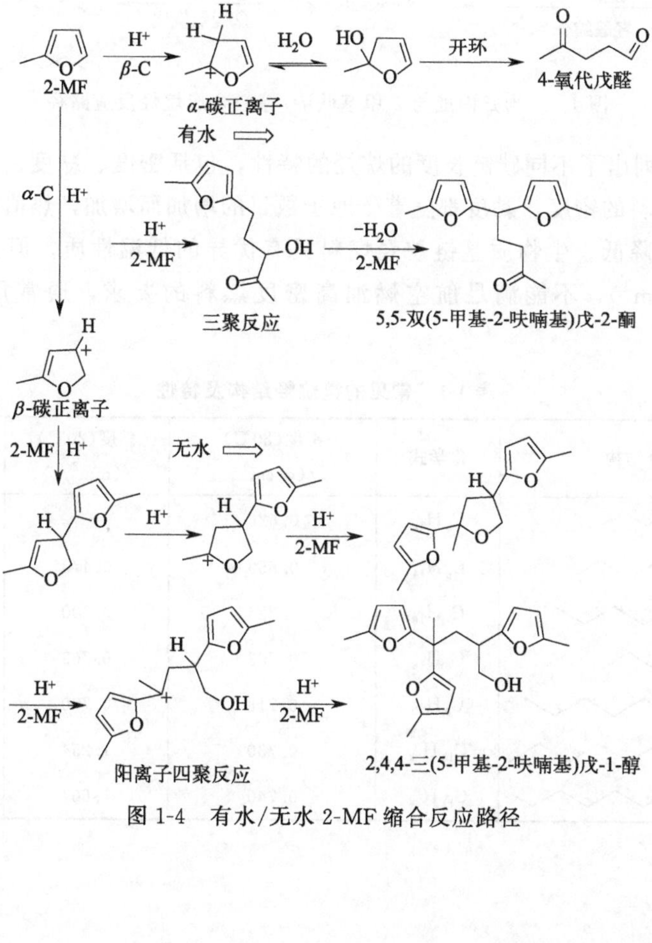

图 1-4 有水/无水 2-MF 缩合反应路径

Wang 等人研究 2-甲基呋喃和当归内酯合成可再生柴油的方法。采用了 2-甲基呋喃的羟基烷基化/烷基化反应（HAA）与当归内酯结合，再加氢脱氧的方法，首次合成了柴油和喷气燃料范围的支链烷烃。Xu 等人以半纤维素和纤维素为原料，以糠醛和当归内酯为原料合成柴油和喷气燃料系列 C_9 和 C_{10} 烷烃。以 Mn_2O_3 为催化剂，在温和条件下（353K，4h），糠醛和当归内酯缩合产物 C_{10} 的选择性可达 96%。以 Pd/C 和 Pd-FeO$_x$/SiO$_2$ 为催化剂，催化醛酮缩合产物加氢脱氧得到 C_9 和 C_{10} 烷烃的产率可达 96%（图1-5）。

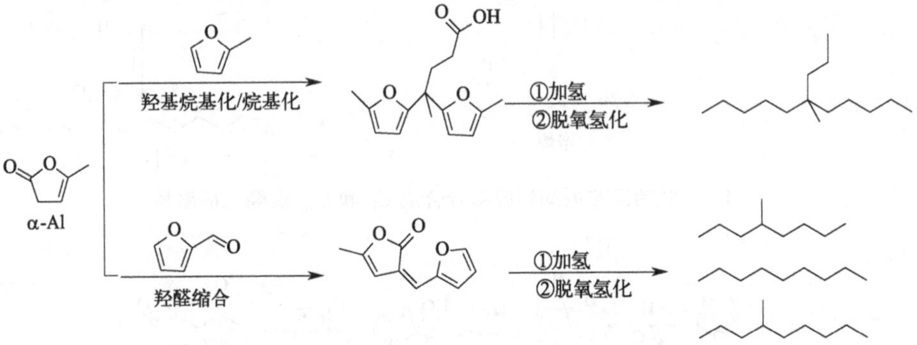

图1-5　当归内酯与 2-甲基呋喃/糠醛合成烷烃反应路径

表1-1 列出了不同碳链长度的烷烃的特性，包括密度、黏度、热值等。由表可知，燃料的密度、黏度都随着碳原子数目的增加而增加，热值随着碳原子数目增加略降低。生物质基链烷烃燃料具有优异的低温性质，但其密度较低（$<0.80 g/cm^3$），不能满足航空燃油高密度燃料的要求，通常用作汽油或柴油。

表1-1　常见的链烷烃结构及特性

成分结构	化学式	密度(20℃)/(g/cm³)	黏度(20℃)/(mm²/s)	热值/(MJ/kg)
 ∧∧	C_5H_{12}	0.626	—	48.8
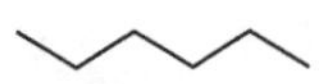 ∧∧∧	C_6H_{14}	0.659	0.470	48.5
 ∧∧∧	C_7H_{16}	0.684	0.600	48.4
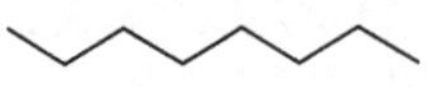 ∧∧∧∧	C_8H_{18}	0.703	0.769	—
 ∧∧∧∧	C_9H_{20}	0.718	0.700	48.1
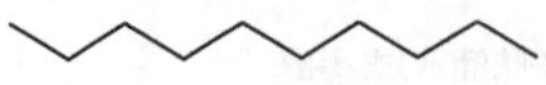 ∧∧∧∧	$C_{10}H_{22}$	0.730	1.254	48.0
 ∧∧∧∧∧	$C_{11}H_{24}$	0.740	1.601	47.9

成分结构	化学式	密度(20℃)/(g/cm³)	黏度(20℃)/(mm²/s)	热值/(MJ/kg)
	$C_{12}H_{26}$	0.749	1.974	47.8
	$C_{13}H_{28}$	0.756	2.495	47.8
	$C_{14}H_{30}$	0.756	3.020	47.8
	$C_{15}H_{32}$	0.769	3.721	47.7
	$C_{16}H_{34}$	0.770	4.460	47.7
	$C_{16}H_{34}$	0.78	—	—
	$C_{10}H_{22}$	—	1.22	—
	$C_{11}H_{24}$	—	1.56	—
	$C_{16}H_{34}$	0.786	—	—

1.2.1.2 单环支链燃料的合成及性能

Yang 等人采用环戊酮和丁醛在固体碱催化剂的条件下生成醛醇缩合物，再通过加氢脱氧（HDO）合成了高密度（0.82g/mL）的环烷烃喷气燃料，其总收率可高达约 80%（图 1-6）。所研究的催化剂中，镁铝水滑石（MgAl-HT）对环戊酮和丁醛的无溶剂缩合反应活性最高，是由材料表面强碱和弱酸位点之间的协同作用所致。研究了 Ni/SiO₂、Pd/SiO₂ 和 Ni-Pd/SiO₂ 催化剂对醛酮缩合产物加氢脱氧的性能，双金属 Ni-Pd/SiO₂ 催化剂在无溶剂 HDO 反应中表现出更高的活性，其优异的性能主要与 Ni-Pd 合金形成有关。以 4% Ni-1%Pd/SiO₂ 为催化剂，在 503K 时，丁基环戊烷和 1,3-二丁基环戊烷的碳收率高达 88.0%。

Deng 等人将环戊酮/环己酮和糠醛/5-羟甲基糠醛在无溶剂的条件下发生缩合反应高效合成高密度生物燃料。结果表明，无溶剂反应的转化率明显高于稀释反应，环戊酮/糠醛缩合转化率为 86.7%，缩合产物的选择性在 90.0% 以上。当反应物由环己酮变为环戊酮或由糠醛变为 5-羟甲基糠醛时，反应速率减慢，通过增加催化剂用量或升高反应温度可提高反应速率，缩合反应的产率可达 85.0% 以上（图 1-7）。随后，对缩合产物催化加氢脱氧使其转化为支链环烃，选择性为 70%~80%。燃料的性能随着碳数的增加，其密度从 0.815g/

7

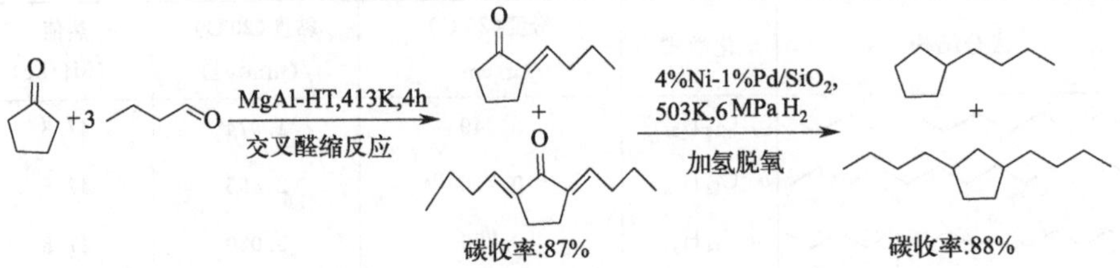

图 1-6 环戊酮和丁醛合成喷气燃料

mL 增加到 0.826g/mL，凝固点从 −24.6℃ 增加到 −9.5℃。由此得到的产物具有非常低的黏度，可以单独用作液体燃料或与其他燃料混合使用。

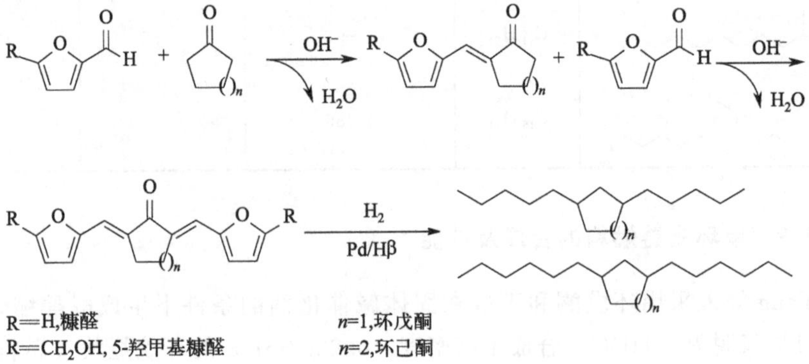

R═H,糠醛   n=1,环戊酮
R═CH₂OH, 5-羟甲基糠醛   n=2,环己酮

图 1-7 环酮和呋喃醛合成生物燃料

　　Li 等人研究通过异亚丙基丙酮（丙酮的自缩合产物）与 2-MF（糠醛的选择性加氢产物）烷基化再水解生成三酮，再在无溶剂条件下发生分子内醛醇缩合反应，最后再通过加氢脱氧（HDO），建立了一条高密度低凝固点的喷气燃料级支链烷烃合成新路线（图 1-8）。

　　Han 等人研究了芳香氧化物（苯甲醚、愈创木酚和苯酚）与糠醛（糠醇和 5-羟甲基糠醛）烷基化，然后加氢脱氧合成环己烷衍生物。结果表明，FeCl₃ 对苯甲醚（愈创木酚）的烷基化反应具有较高的活性和选择性，而 AlCl₃ 是苯酚的最佳催化剂。当反应物配比为 10（摩尔比）时，三者与糠醇的烷基化产物选择性分别为 71.0%、92.4% 和 84.3%。用 5-羟甲基糠醛代替糠醇时，选择性几乎达到 100%，但反应速率降低，完全转化所需时间较长。以 Pd/C 和 HZSM-5 为催化剂，将烷基化产物转化为支链环己烷，测定燃料密度

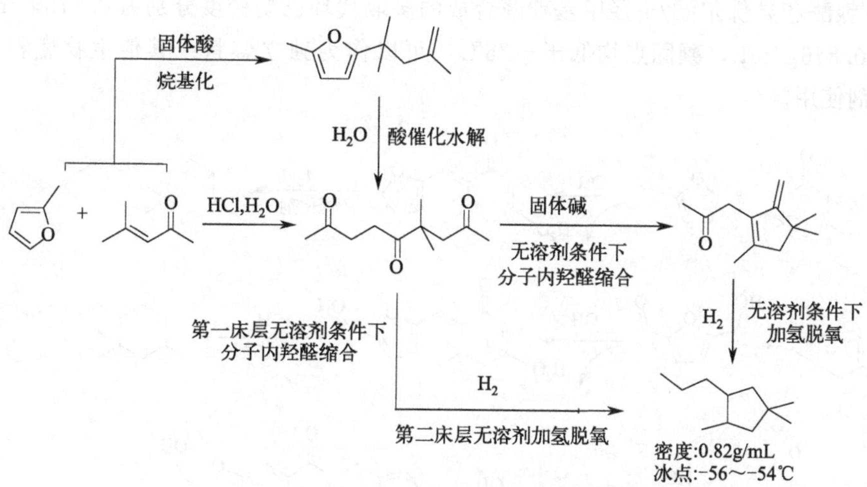

图 1-8　亚异丙基丙酮与 2-甲基呋喃合成喷气燃料环烷烃

为 0.804g/cm^3（20℃），在 -60℃时运动黏度为 34.4mm^2/s，凝固点低于
-80℃，具有较好的低温性能，可以作为添加剂加入其他燃料中改善低温性能
（图 1-9）。

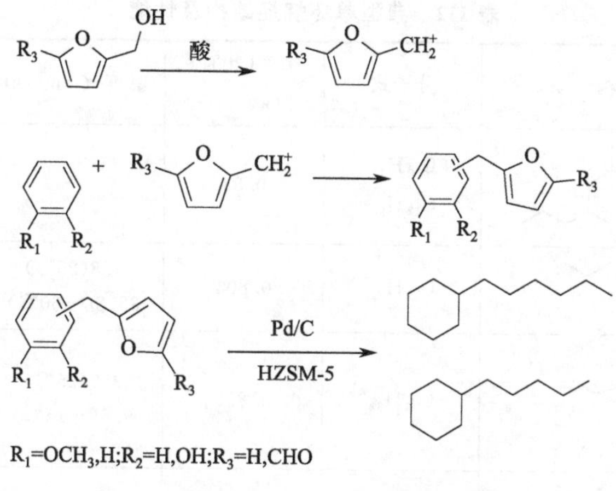

R_1=OCH$_3$,H;R_2=H,OH;R_3=H,CHO

图 1-9　芳香氧化物和糠醛合成生物燃料

Xie 等人利用糠醛和异佛尔酮为原料，在无溶剂条件下醛酮缩合后再加氢
脱氧合成高密度、低凝固点的多取代环烷烃。如图 1-10，首先对催化剂进行了
筛选，NaOH 表现出良好的性能。再对反应条件进行优化，最终得到异佛尔
酮/糠醛缩合产物的收率为 70.0%，异佛尔酮/5-羟甲基糠醛缩合产物的收率为
72.8%。以自制的 Pt/HZSM-5 作为催化剂对缩合产物进行加氢脱氧。异佛尔

酮/糠醛和异佛尔酮/5-羟甲基糠醛合成的多取代环己烷密度分别为 0.813g/mL 和 0.846g/mL，凝固点均低于 −75℃，可以作为独立燃料或其他生物燃料添加剂使用。

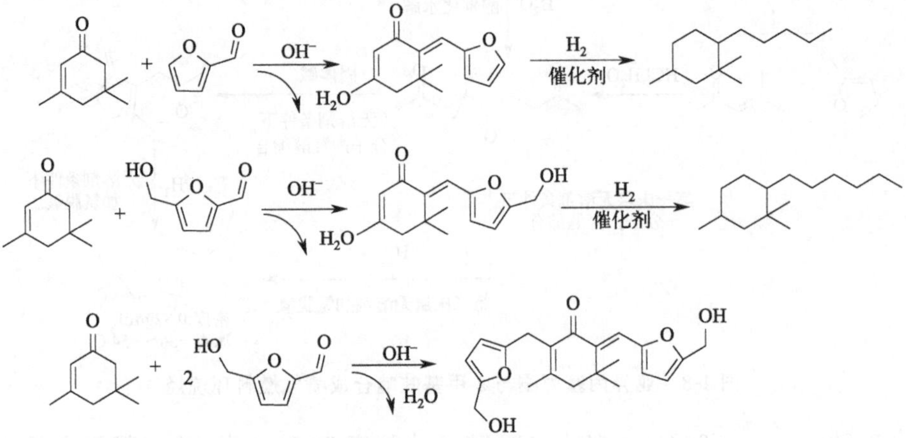

图 1-10　异佛尔酮和呋喃醛合成生物燃料

典型单环烷烃结构及性能如表 1-2 所示。

表 1-2　典型单环烷烃结构及性能

主成分结构	分子式	密度(20℃)/(kg/m³)	黏度/(mm²/s)	冰点/℃
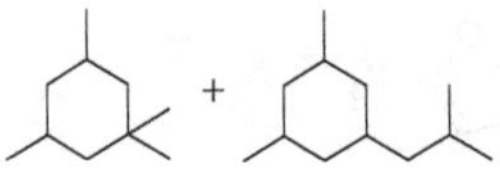	$C_{10}H_{18}$ $C_{12}H_{20}$	0.83	—	−56.7
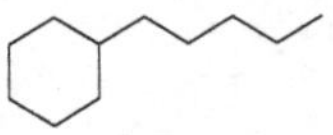	$C_{11}H_{22}$	0.804	1.8(25℃) 35.8(−60℃)	<−60.0
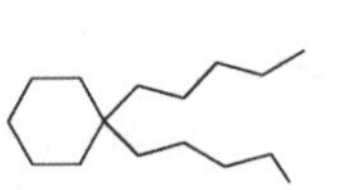	$C_{16}H_{32}$	0.825	3.7(25℃) 9.6(−25℃)	−26.4
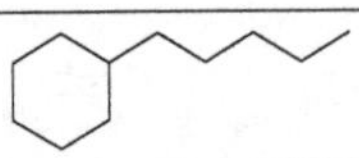	$C_{11}H_{22}$	0.804	34.4(−60℃)	<−80
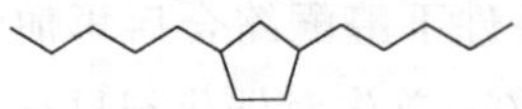	$C_{15}H_{30}$	0.815	3.8(25℃) 10.8(−20℃)	−24.6
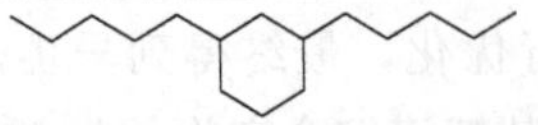	$C_{16}H_{32}$	0.822	4.7(25℃) 18.9(−20℃)	−21.7
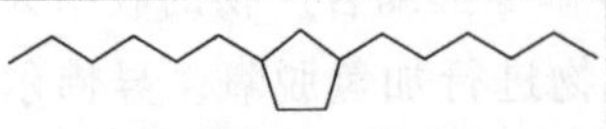	$C_{17}H_{34}$	0.819	5.3(25℃) 14.3(−10℃)	−14.3

主成分结构	分子式	密度(20℃)/(kg/m³)	黏度/(mm²/s)	冰点/℃
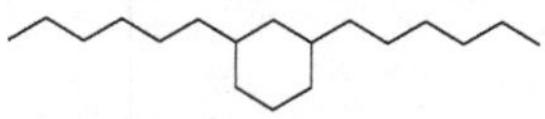	$C_{18}H_{36}$	0.826	6.7(25℃) 13.5(−5℃)	−9.5
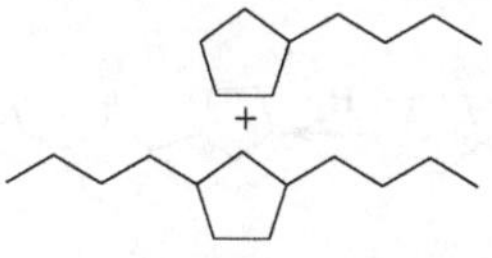	C_9H_{18} $C_{13}H_{26}$	0.82	—	−94.0
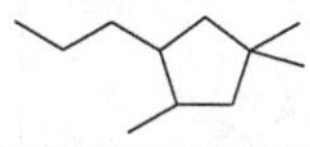	$C_{11}H_{22}$	0.82	—	−56~−54
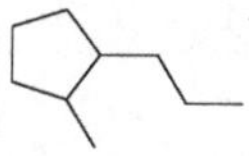	C_9H_{18}	0.82	—	−49
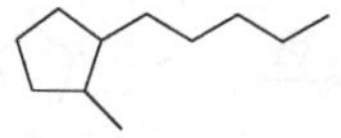	$C_{11}H_{22}$	0.81	—	−25
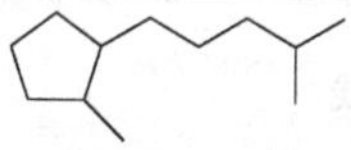	$C_{12}H_{24}$	0.81	—	−46
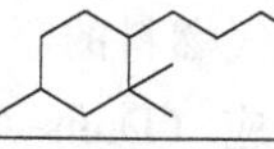	$C_{14}H_{28}$	0.813	3.4(25℃) 26.1(−30℃)	<−75
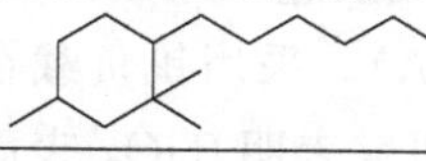	$C_{15}H_{30}$	0.846	5.3(25℃) 68.7(−30℃)	<−75
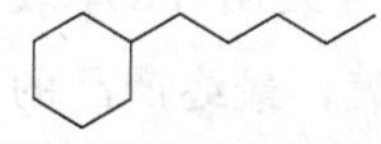	$C_{11}H_{22}$	0.804	2.0(25℃) 7.5(−30℃)	<−80

1.2.1.3 多环燃料的合成及性能

糠醛在双金属催化剂作用下选择性加氢脱氧生成环戊酮，环戊酮选择性转化为单聚或多聚缩合产物，如图 1-11 所示。

环戊酮在碱催化作用下发生 Aldol 自缩合反应生成 2-环戊烯基环戊酮，经过加氢脱氧得到 C_{10} 双环戊烷。2-环戊烯基环戊酮还可以进一步与环戊酮缩合，通过加氢脱氧生成三环或四环燃料。Yang 等人利用环戊酮在温和反应条件下，采用无溶剂缩合和一步加氢脱氧相结合合成可再生高密度双环烃 C_{10}，总收率达到 80%，燃料密度为 0.866g/mL。Sheng 等人采用在固体碱（镁铝水滑石）和雷尼镍（Raney Ni）的共催化下，进行环戊醇的格氏（Grignard）反应，合成了可再生高密度喷气燃料。C_{10} 和 C_{15} 含氧前驱体的碳收率达到了 96.7%，将反应产物进一步加氢脱氧得到双环戊烷和三环戊烷。其密度分别为

11

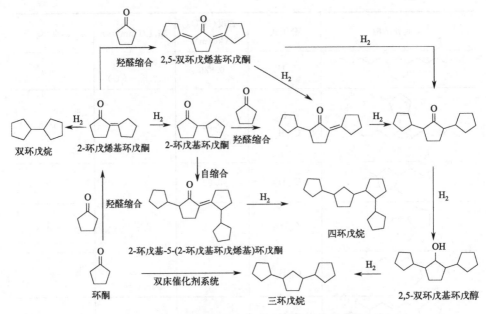

图 1-11 环戊酮制备高密度多烷烃的合成路线

0.86g/mL 和 0.91g/mL，可以用作高密度喷气燃料或生物喷气燃料的添加剂。

Luo 等人以异戊二烯和对苯醌为原料，通过双烯加成反应（Diels-Alder）和加氢脱氧反应合成三环烷烃二甲基十四氢蒽（DMTHA）。采用钒负载在二氧化钛上制备 V-TiO₂ 作为催化剂催化双烯加成反应，研究表明 TiO₂ 表面合适 V^{4+}/V^{5+} 比例的钒可以激活醌类化合物。通过加氢脱氧，最终产品的热值可达 45.7MJ/kg（图 1-12）。

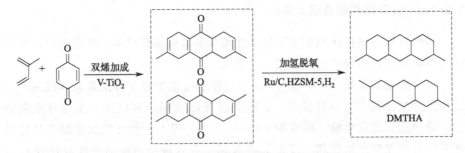

图 1-12 对苯醌与异戊二烯合成高密度燃料

邹吉军课题组首次以木质纤维素平台化合物 5-甲基糠醛为原料用五步法制备 RJ-4 及混合燃料（图 1-13），第一步以 Ni₂P 和 HZSM-5 催化 5-甲基糠醛还原开环转化为 2,5-己二酮（HD），5-甲基糠醛的转化率达到 99% 及 HD 的收率 79%；第二步以水为溶剂，以低剂量的 NaOH 催化 HD 分子内缩合羟醛缩合反应，获得 3-甲基环戊-2 烯酮（MCO）；第三步采用 NaBH$_4$ 与 CeCl$_3$ · 7H$_2$O 催化 MCO 选择性还原为 3-甲基环戊-2 烯醇（MCP），收率高达 99%；第四步采用 HZSM-5 催化 MCP 脱水及环加成反应，低温 25℃下 MCP 脱水生成 MCPD 及 MCPD 环加成生成甲基环戊二烯二聚体（DMCPD），提高反应温度至 190℃时，DMCPD 与 MCPD 继续进行环加成反应生成三甲基三环戊二烯（TMCPD），最终产物是 DMCPD 和 TMCPD 的混合物；第五步经 Ni$_2$P 催化加氢得到收率为 99% 的 RJ-4（DMCPD 加氢产物）燃料，或收率达到 98% 的混合燃料（DMCPD 与 TMCPD 的加氢产物）。

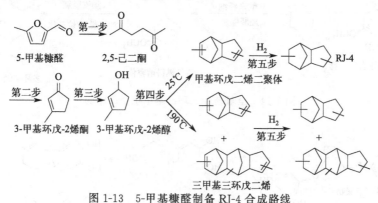

图 1-13 5-甲基糠醛制备 RJ-4 合成路线

Bai 等人以木质素衍生物苯酚和乙酸苄酯为原料合成高密度烷烃结构的航空燃油。首先采用蒙脱土（MMT）催化两者进行烷基化反应，研究表明在 140℃、2h 条件下，烷基化产物的收率可达 70%。随后，用 5%（质量分数）Pd/C 催化烷基化产物进行加氢脱氧（HDO），得到了 85% 的烃收率。HDO 产物主要成分为全氢芴和二环己基甲烷。其密度和热值分别为 0.956g/cm^3 和 38.9MJ/L。Gao 等报道了用香兰素和环己酮合成全氢芴和二环己基甲烷的混合物喷气燃料高密度聚环烷烃。首先通过二氧化钛基纳米材料催化香兰素和环己酮发生醛醇缩合反应，获得了喷气燃料范围 C$_{13}$ 聚环烷烃前驱体；随后，通过 Pd/C 和 HY 沸石共催化醛醇缩合产物加氢脱氧（HDO）转化为全氢芴和二环己基甲烷的混合物（图 1-14）。

Cai 等人通过纤维素衍生物苯-1,2,4-三醇氧化偶联以及脱水合成二苯并呋喃（THBF），其产率为 72.3%，随后以 Pd/C 和沸石催化加氢脱氧得到产率为 70.5% 的双环烷烃，包括双环己烷（BCH）、环戊基甲基环己烷（CMCH）、少量的环戊基环己烷（CCH），密度分别为 0.886g/cm^3、0.870g/cm^3 和 0.880g/cm^3（图 1-15）。

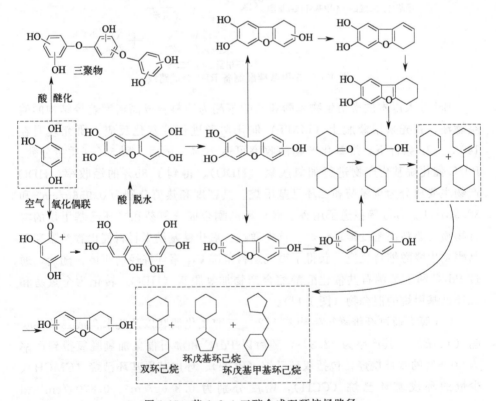

图 1-14　全氢芴和二环己基甲烷合成路线

图 1-15　苯-1,2,4-三醇合成双环烷烃路径

Wang 等人在温和的反应条件下，由木质纤维素衍生的 5,5-二甲基-1,3-环己二酮和不同的醛衍生物通过串联反应和加氢脱氧反应两步法合成具有多环结构的高密度生物燃料。利用理论方法对燃料性能进行了评估，结果表明所得生物燃料具有 $0.78 \sim 0.88 g/cm^3$ 的高密度和 $44.0 \sim 46.0 MJ/kg$ 的净燃烧热（NHOC）值。其理论计算值和实验值相吻合，表明理论方法具有很高的准确性（图 1-16）。

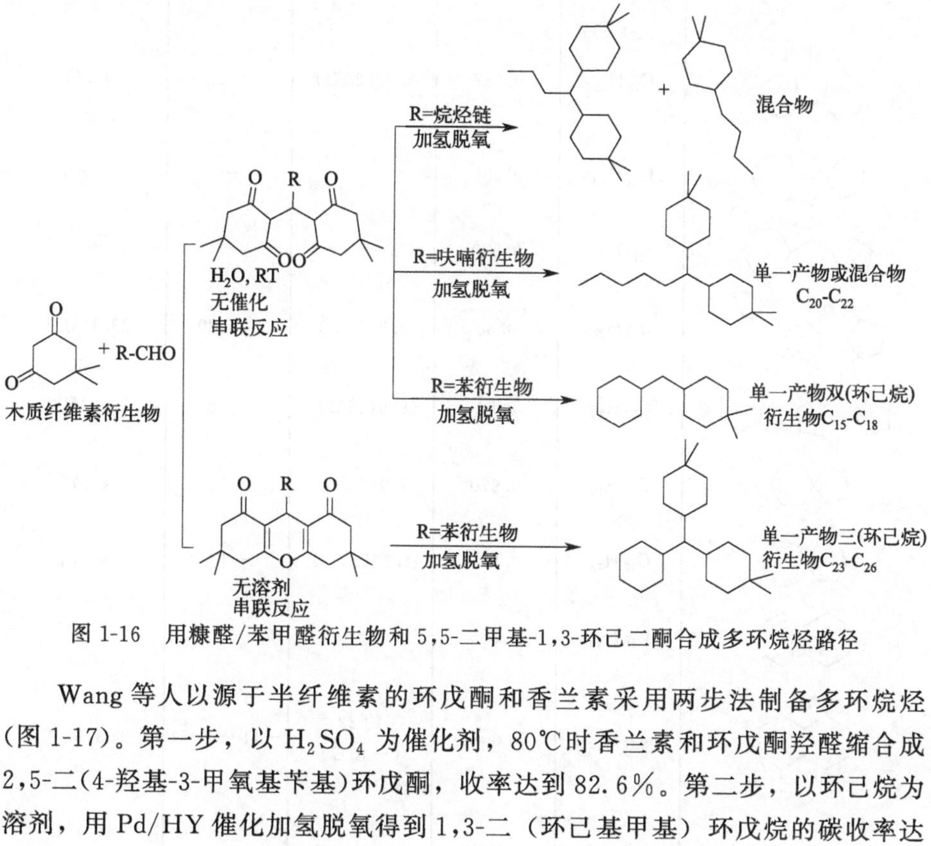

图 1-16　用糠醛/苯甲醛衍生物和 5,5-二甲基-1,3-环己二酮合成多环烷烃路径

Wang 等人以源于半纤维素的环戊酮和香兰素采用两步法制备多环烷烃（图 1-17）。第一步，以 H_2SO_4 为催化剂，80℃时香兰素和环戊酮羟醛缩合成 2,5-二(4-羟基-3-甲氧基苄基)环戊酮，收率达到 82.6%。第二步，以环己烷为溶剂，用 Pd/HY 催化加氢脱氧得到 1,3-二（环己基甲基）环戊烷的碳收率达到 96.2%。所得混合烷烃密度为 0.943g/mL，冰点为 -35℃。

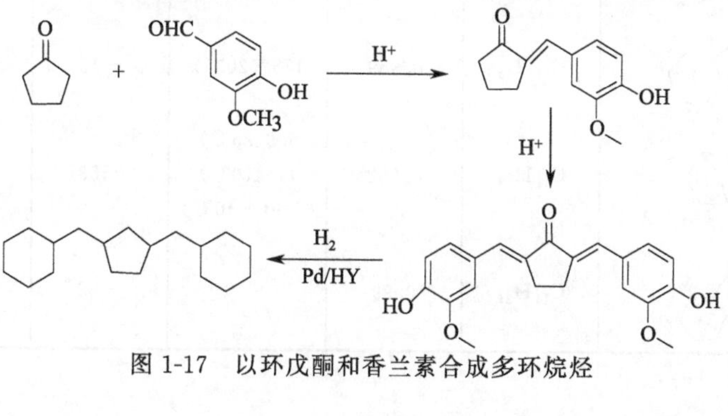

图 1-17　以环戊酮和香兰素合成多环烷烃

15

典型多环烷烃结构及性能如表 1-3 所示。

表 1-3　典型多环烷烃结构及性能

主成分结构	分子式	密度(20℃)/(kg/m³)	黏度/(mm²/s)	冰点/℃	热值/(MJ/kg)
	$C_{10}H_{18}$	0.867	1.62(25℃)	−38.0	42.42
	$C_{12}H_{22}$	0.887	3.72(25℃)	1.2	42.97
	$C_{11}H_{20}$	0.880	—	—	—
	$C_{12}H_{22}$	0.870	—	—	—
	$C_{13}H_{24}$	0.85	2.3(25℃)	<−80	38.1MJ/L
	$C_{17}H_{30}$	0.91	9.9(25℃)	−58	39.4MJ/L
	$C_{10}H_{18}$	0.870	2.1(25℃)	−76	42.72
	$C_{12}H_{22}$	0.893	4.37(25℃)	−51	43.01
	$C_{10}H_{18}$	0.896	—	−37.0	—
	$C_{12}H_{22}$	约0.88	约22(−40℃)	−110～−51	约37MJ/L
	$C_{13}H_{24}$	0.876	5(20℃)	−20	37MJ/L
	$C_{13}H_{22}$	0.959	1752(20℃)	−15	40.1MJ/L
	$C_{11}H_{18}$	0.952	5.9(25℃) 11.4(0℃) 61.9(−40℃)	−53	42.21
	$C_{14}H_{24}$	0.99	—	−22	—

主成分结构	分子式	密度(20℃)/(kg/m³)	黏度/(mm²/s)	冰点/℃	热值/(MJ/kg)
	$C_{14}H_{24}$	0.96	—	−3	
	$C_{11}H_{20}$	0.91	—	−44	
	$C_{11}H_{20}$	0.94	—	−41	
	$C_{18}H_{34}$	0.858	—	−51	
	$C_{15}H_{26}$	0.91	4.77(25℃)	—	—
	$C_{19}H_{34}$	0.943	—	−35℃	
	$C_{20}H_{34}$	0.943	—	−39.5	

1.2.2 以萜类化合物合成高密度燃料

具有多环结构的生物质是合成高密度生物质基喷气燃料组分的优质原料。萜类化合物是生物质资源中的一种,具有多元环、桥环和环内/环外双键,桥氧键和羟基等基团,可以用作合成生物质基高密度燃料的一种底物。萜类化合物广泛存在于植物、昆虫和微生物中,由于含有不饱和键,可以直接通过碳碳偶联反应再加氢来制备高密度燃料。萜类化合物有很多种类,它们的划分取决于分子中异戊二烯的数量,有半萜、单萜、倍半萜和二萜,其中具有紧凑结构和高反应性的单萜和倍半萜常被用作合成高密度燃料的原料。

松节油为无色或淡黄色澄清液体,系松科属植物分泌的松脂经过蒸馏得到的挥发油,我国松节油资源丰富,产量居世界第二。目前蒎烯主要来源于松节油,年产量接近10万吨。蒎烯主要分 α-蒎烯和 β-蒎烯这两种异构体,属于两环结构的单萜类,它们都是松脂的重要组成部分,由于其紧凑的双环结构,通过直接加氢的方式就可以将它们制成高密度燃料,如邹吉军等以 Ni-SiO₂、

Pd-Al$_2$O$_3$、雷尼镍为催化剂对蒎烯进行加氢处理，产物收率均在95%以上，分离催化剂后即可获得无色透明的合成生物质燃料（0.86g/mL），具有极好的低温性能。由于蒎烯中存在不饱和双键，可以通过烯烃低聚反应来增长碳链以提高燃料的密度。早在2010年，Harvey等采用MMT-K10、Amberlyst-15和全氟磺酸树脂（Nafion）为催化剂，研究了β-蒎烯的异构及二聚反应，发现其二聚产物通过加氢之后具有与燃料JP-10相当的密度和热值，提出并证实了β-蒎烯二聚物可以作为高能量密度燃料的观点，为松节油及蒎烯的开发利用提供了更有效、更廉价的途径。

当蒎烯被证明是一种理想高密度燃料的前体，蒎烯的生物合成越来越受到关注，Zhou等通过应用系统方法优化大肠杆菌中α-蒎烯的微生物合成，最后得到1.3L生物反应器中的α-蒎烯浓度达到1035.1mg/L；Wu等采用紫色无硫光合细菌合成蒎烯，极大地提高了蒎烯的产量。通过代谢工程微生物生产蒎烯扩宽了蒎烯来源途径。

蒎烯的二聚反应是一个酸催化连串反应，蒎烯先异构为柠檬烯、萜品烯等分子，然后再聚合成为二聚体。Harvey等人研究表明松节油中的所有成分都可以在酸催化的作用下发生二聚反应，甚至里面的含氧化合物也能转化。Meylemans等人使用非均相催化剂Nafion、NafionSAC-13和MMT-K10催化α-蒎烯、β-蒎烯、柠檬烯、莰烯及松节油的二聚反应，进一步加氢后，萜烯二聚体的产率可达90%。以不同萜烯为原料得到的生物质燃料的性能如表1-4所示。

表1-4 萜类化合物二聚燃料性质

萜类	热值/(MJ/kg)	密度/(g/mL)	黏度(40℃)/(mm^2/s)
α-蒎烯	42.047	0.935	34.68
β-蒎烯	42.118	0.938	35.05
柠檬烯	41.906	0.914	25.86
莰烯	40.063	0.941	34.96

Nie等研究表明α-蒎烯、β-蒎烯以及松节油在酸催化反应后的产物分布基本相同，HPW/MCM-41的活性比Al-MCM-41的活性更高，其反应路径如图1-18所示。

Xie等以β-蒎烯和异佛尔酮为原料通过自敏化[2+2]环加成工艺转化螺旋环分子（图1-19）。以异佛尔酮为自敏剂，可进行高选择性的光反应，收率可达91.1%，揭示了三重态敏化机理。与氢脱氧相结合，得到了总收率为85.0%的螺旋燃料，其密度比常规喷气燃料高16.8%，具有良好的低温性能。

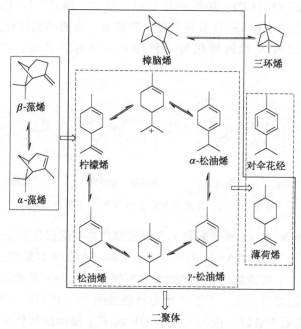

图 1-18　β-蒎烯的异构化和二聚反应

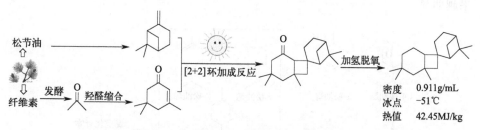

图 1-19　β-蒎烯和异佛尔酮合成螺旋燃料

Harvey 等人将双环倍半萜类化合物（如朱栾倍半萜、豆腐柴属螺烯、β-石竹烯，结构如图 1-20 所示）通过直接加氢制备双环燃料，其密度高于0.85g/mL、净燃烧热值在 37MJ/L 以上。

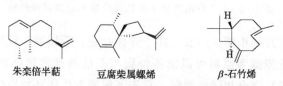

图 1-20　双环倍半萜类化合物结构式

Yang 等研究了以可再生萜类生物质 1,8-桉油脑为原料合成环烷烃的双相串联催化新工艺（biTCP），如图1-21所示。在"一锅式"biTCP中进行了多步串联反应，包括水解C—O开环、脱水和加氢。在温和的反应条件下，1,8-桉油脑在biTCP中高效地转化为1-异丙基-4-甲基环己烷，产率高达99%以上。

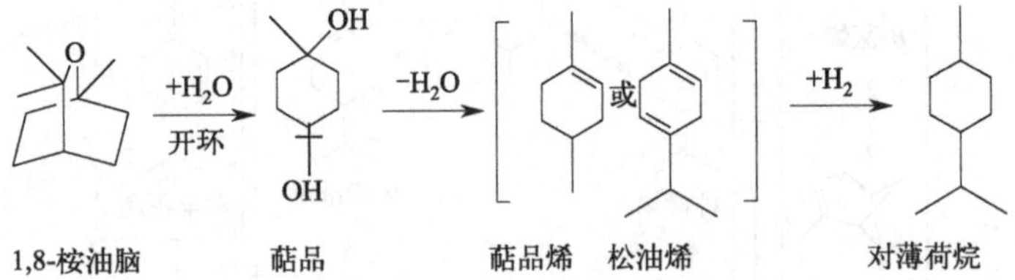

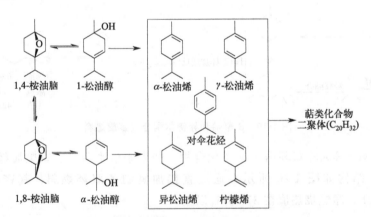

图1-21　1,8-桉油脑合成1-异丙基-4-甲基环己烷

Heather等采用1,4-桉油脑和1,8-桉油脑在多相酸催化剂上进行低温脱氧反应（图1-22）。主要对Amberlyst-15、Nafion SAC-13和蒙脱土K10进行了研究。发现了1,4-桉油脑先异构再脱水主要转化为α和γ-松油烯。1,8-桉油脑先异构为α-松油醇后脱水，主要产物为异松油烯和α-松油烯。研究表明Amberlyst-15催化效果最好，在85℃下，24h内1,4-桉油脑转化率为100%。反应时间越长，反应温度越高，脱水后的单萜类化合物转化为二萜类化合物的效果越明显。

图1-22　1,4-桉油脑和1,8-桉油脑脱水合成烷烃燃料

芳樟醇属于开链单萜，一般存在于芳樟叶油、芳樟油、玫瑰木油等多种植物精油中。以芳樟醇为原料可以制备得到与石油基高密度燃料RJ-4（二甲基四氢双环戊二烯）完全相同的燃料。首先芳樟醇发生闭环反应生成1-甲基环戊基-2-烯醇，然后经过Diels-Alder环加成得到二甲基双环戊二烯，再通过加氢和异构后可以得到RJ-4燃料，反应路径如图1-23所示。

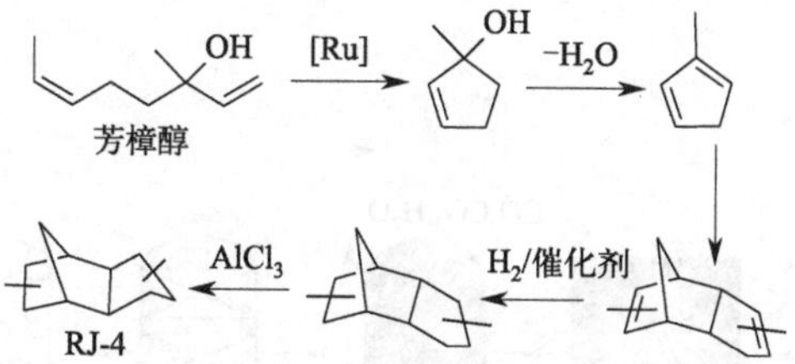

图 1-23 芳樟醇制备高密度燃料 RJ-4 的反应路径

总的来讲，生物质基链烷烃燃料具有优异的低温性质，但其密度较低（$<0.80\text{g/cm}^3$）；生物质基带支链的单环燃料在保持较好低温性能的同时，密度有一定提高，但仍然低于 0.85g/cm^3，与石油基高密度燃料的密度相差甚远；生物质基多环燃料普遍具有较高的密度，但是部分燃料低温性能较差。因此，合成性能优异的生物质燃料仍然具有很大挑战。

1.3 生物喷气燃料制备原料与技术路线

目前，生物喷气燃料已获美国材料与试验协会（ASTM）和其他监管机构批准，用于民用和军用航空。喷气燃料的主要成分为 $C_8 \sim C_{17}$ 烷烃，还包括少量的芳香烃、不饱和烃、环烃等。

1.3.1 生物喷气燃料

目前，主要采用微藻、木质纤维素以及动植物油脂等生物质广泛制备生物喷气燃料。

微藻凭借其繁殖速度快、含油量高、生产条件简单等优点成为第三代生物燃料。由海藻生产出的油脂大部分为单环不饱和或者饱和脂肪酸。经脱氧化处理后，链长接近常规煤油中烃类长度。Biller 等人采用连续流水热液化从小球藻中生产生物油（图 1-24）。微藻的流速为 2.5L/h，温度为 350℃，压力高达 206MPa。液化产生的生物油因高氮含量和高氧含量（6% 和 11%）不适合作为生物喷气燃料使用。利用 CoMo 和 NiMo 催化剂在 350℃ 和 405℃ 的温度下对生物油进行了升级，在 405℃ 时，氮含量和氧含量分别降低了 60% 和 85%。加氢处理后燃料中的碳氢化合物为 $C_9 \sim C_{26}$，但大部分燃料为 C_{15} 和 C_{16} 的碳氢化合物。

麻风树又名小桐籽，分布于热带、亚热带，是一种生长于拉丁美洲的灌

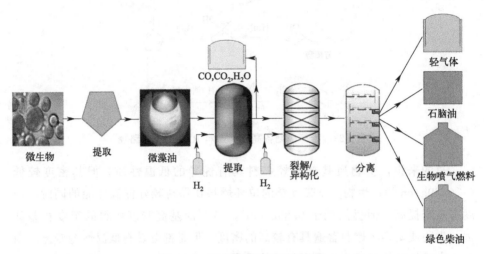

图 1-24　微藻加氢处理过程机理

木。现在麻风树油已成为公认的生物喷气燃料重要原料资源。麻风树子含油率高，主要成分为油酸、亚油酸，二者含量高达 70%。但亚麻子油不能直接进行利用，需进一步处理加工方可作为生物燃料。Xing 等人利用 SAPO-11 分子筛（SDBS）并用十二烷基苯磺酸钠对其修饰后仍保持完整的结构。在预处理的 SAPO-11 上，用 Pt 制备了改性的 SDBS-Pt/SAPO-11 催化剂。所制备出的催化剂不仅减小了铂的晶体尺寸，而且增加了铂在 SAPO-11 上的分散度。利用所制备的催化剂对麻风树油进行了催化裂解，并探究了最佳反应条件。在 410℃、5MPa 压力，LHSV 为 $1.2h^{-1}$（液体时空速，表示每小时有相当于催化剂体积 1.2 倍的液体通过催化剂床层），进样速度为 1000mL/min 的条件下，进行 3 次验证实验，$C_8 \sim C_{16}$ 烃的选择性为 59.51%，$C_8 \sim C_{16}$ 异烷烃的选择性为 25.41%。使用催化剂后产物中的 $C_8 \sim C_{16}$ 烃的选择性显著提高。用 RSM 方法得到了 $C_8 \sim C_{16}$ 烃类选择性的最佳操作参数和数学模型。通过实际实验结果对建立的模型进行了验证。结果表明，实际的数值与预测结果吻合较好。这为优化 $C_8 \sim C_{16}$ 烃的生产过程提供了一种高效和准确的方法。

地沟油即餐饮废弃油脂，每年产量多达 $2600 \times 10^4 t$。其来源广泛，产量充足，但成分复杂。同时酸值、碘值等物化性质较差，需要进行进一步处理。将地沟油通过酯交换反应或转酯化反应，利用短链醇将地沟油中甘油三酯中的甘油取代下来，使 1 个甘油三酯分子因失去甘油分子，变成 3 个高级脂肪酸醇酯，其中应用最广泛的短链醇是甲醇，得到的脂肪酸甲酯即是生物柴油。李妍奇等人以餐饮废弃油脂为来源的脂肪酸甲酯作为原料，对其生产喷气燃料工艺中所用的催化剂进行研究，对催化剂的制备及合成工艺进行优化，以制备符合喷气燃料标准的生物喷气燃料产品。探究了甲醇和水反应内源性供氢的可行性，为探索自供氢制备喷气燃料奠定了基础；研究了 γ-Al_2O_3 作为载体负载金属镍和钼的加氢脱氧功能，确定了 γ-Al_2O_3 负载金属镍和钼在小型反应釜中催化反应的最佳负载比例为 1：4（质量比），当催化剂为 5%Ni-20%Mo/γ-Al_2O_3 时，加氢脱氧率最大可达到 33.60%，喷气燃料组分可达 8.03%。

　　植物油是由高级脂肪酸和甘油反应而成的化合物，广泛分布于自然界中，是从植物的果实、种子、胚芽中得到的油脂，如花生油、豆油、亚麻油、蓖麻油、菜籽油等，来源广泛产量充足。Livia 等人制备了负载在 γ-Al_2O_3、Nb_2O_5 和沸石上的镍催化剂，以将它们用于植物油及其衍生物的加氢处理，以生产烃类（图 1-25）。Ni/Al_2O_3 和 Ni/Nb_2O_5 在 300℃和 7h 的反应条件下，对大豆酯进行催化反应，二者的选择性分别为 41.2% 和 16.5%。在相同条件下，使用 Ni/Beta 和 Ni/HY 沸石对大豆酯的加氢处理比氧化物催化剂的转化率更高（80%～99%），Ni/Beta 和 Ni/HY 的选择性在 30%～70% 之间。此外，沸石催化剂在较高温度（340℃）和时间（9h）下表现出高转化率，Hβ 沸石和 HY 沸石分别达到 100% 的转化率和 61.9% 的烃选择性。

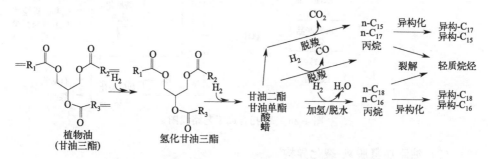

图 1-25　将甘油三酯转化为碳氢化合物的反应途径

1.3.2　生物喷气燃料生产的技术路线

（1）气化-F-T 合成

　　以木质纤维素等生物质为原料，经低温热解炉进行热解将其转化为合成热解气。经处理后的热解气再通过费-托合成工艺得到了较长的直链烃。最后则是对其进行加氢改质便可得到生物喷气燃料。木质纤维素生物质可以转化为各种生物燃料，包括含氧燃料（乙醇、丁醇）和碳氢化合物燃料（烷烃、烯烃和芳烃）。生物质通过热解直接液化为生物油，这被视为最便宜的液体生物燃料，随后将生物油升级为烃类燃料，可以在现有途径中为生物喷气燃料生产提供更好的前景。虽然快速热解生物油生产已经在商业规模地开发，但将合成的生物油升级为生物燃料仍处于实验室规模的开发阶段。Arnode Klerkl 等人通过研究案例确定了生产 FT SPK/A 的技术路线，并与 Jet A-1 规格要求进行了比较。表明通过气化-F-T 精炼生产完全相同配方的喷气燃料是可行的（图 1-26）。Campanario 等人开发并分析了一种以生物油水相超临界水重整技术获得的合成气为原料生产低温费-托产品的新工艺。该工艺包括四个部分：超临界水重整合成气生产、水煤气变换和干重整反应器以及变压吸附系统的合成气升级、费-托合成以及通过蒸馏塔列和加氢裂化反应器的产品精炼和升级。

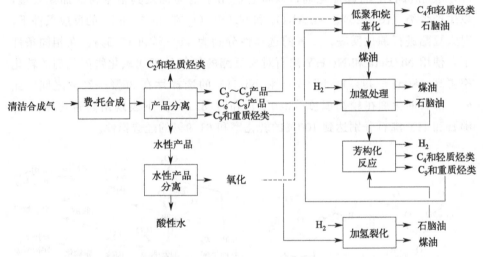

图 1-26　费-托合成工艺路线图

（2）油脂加氢脱氧-裂化异构

以动植物油脂（主要成分甘油三酸酯）为原材料，第一步经过简单的预处理之后就可以在催化剂的条件下进行加氢脱氧处理得到长链烷烃。第二步将长链烷烃进行裂化/异构化就可以得到环烷烃类。根据研究，加氢脱氧已被认为是将生物油升级为烃类燃料的最有前途的途径之一。在高温（＞250℃）或高 H_2 压力（＞3MPa）下进行的反应将原油生物油转化为碳氢化合物和水。关于生物油加氢脱氧的文献经历了大量的增长，但生物油对生物喷射燃料的加氢脱氧仍是一个新兴的研究领域。2008 年以后发表的文献数量呈指数增长，表明最近人们对该领域的研究兴趣极大。Cheng 等人制备了 SAPO-11 沸石支撑的 NiAg 催化剂，将甘油基油直接一步转化为可再生喷气燃料（图 1-27）。利用 XRD、TEM、N_2 吸附-解吸、TG 和 Py-FTIR 对催化剂的性能进行了表征。在柠檬酸（CA）和磷钨酸水合物（HPW）的辅助下，NiAg/SAPO-11 催化剂在加氢处理、加氢裂化和异构化反应方面均表现出良好的性能。高转化率、高选择性和高异烷烃含量主要取决于反应温度、金属分散度、酸含量和沸石的孔隙结构。此外，对燃料性能进行了测试，以确保符合 ASTM D7655 的规格。在最佳反应条件下，转化率为 100%，选择性为 84%，产率为 72%，芳烃含量为 7%，闪点为 58℃。Kamalakanta 等人在双区连续流滴流床反应器系统中，研究了非硫化催化剂对白橡木生物油的加氢脱氧（HDO）作用。在 HDO 中，产生了一种由碳氢化合物组成的有机相，主要是环烷烃（萘烷），范围为 $C_7 \sim C_{24}$。

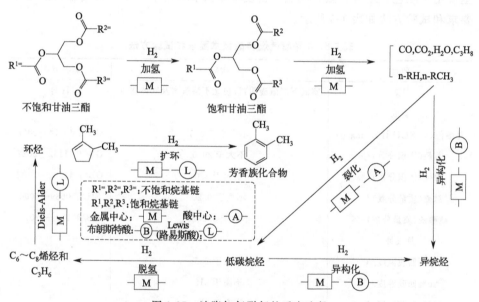

图 1-27　油脂加氢脱氧的反应途径

（3）生物质热解-加氢改质

以农林废弃物为原料经过热解反应获得了热解油，热解油物化性质不稳定，储存过程中极易发生变质，所以需对热解油进行加氢改质。通过加氢脱氧跟加氢裂化后得到了生物航油。快速热解是有机材料在厌氧条件下的热降解，已成为一种成熟的工业技术，包括将林业残留物和农业废弃物转化为生物油。这种热转换工艺因其原料的灵活性、高转换效率、非限制性条件和有限的环境影响而得到了广泛的应用。Hoda 等人在研究中，先通过在台式热解器中原位催化热解（第 1 级），然后进入高压釜（第 2 级），提高了茎木衍生热解油的质量。根据中间产物的质量及其对水合加工的适宜性，研究了热解升级条件的影响。采用 HZSM-5 和 Pt/TiO_2 催化剂（400℃，常压）进行原位热解，采用 $NiMoS/Al_2O_3$ 催化剂（330℃，10MPa H_2 初始压力）进行热解油的加氢处理。HZSM-5 在干木热解中的应用（N_2 气氛下）降低了酸、酮、醛和呋喃的形成，增加了芳香烃和酚类物质（愈创木酚和酚类）的产量。

1.3.3　国内外生物航油商业航班现状

目前喷气燃料主要分为以下四类：3 号喷气燃料、Jet 系列、Jet A 煤油以及 JP 系列。由于喷气燃料对密度、热值、燃烧性能、清洁度、含硫量等一系列要求，我国为使用的 3 号喷气燃料出台了 GB 6537—2018 号标准。在此标准里规定了颜色、组分含量、闪点、密度等物理化学特性。3 号喷气燃料的技术要求和试验方法如表 1-5 所示。

表 1-5　3 号喷气燃料的技术要求和试验方法

项目	指标	试验方法
外观	室温下清澈透明,目视无不溶解水及固体物质	目测
组成		
总酸值(以 KOH 计)/(mg/g)	不大于 0.015	GB/T 12574—2023
芳烃(体积分数)/%	不大于 20.0	GB/T 11132—2022
烯烃(体积分数)/%	不大于 5.0	GB/T 11132—2022
总硫(质量分数)/%	不大于 0.20	SH/T 0689—2000
硫醇硫(质量分数)/%	不大于 0.0020	GB/T 1792—2015
挥发性		
10%回收温度/℃	不高于 205	
20%回收温度/℃	不高于 215	
50%回收温度/℃	不高于 232	
90%回收温度/℃	不高于 251	
终馏点/℃	不高于 300	
残留量(体积分数)/%	不大于 1.5	
损失量(体积分数)/%	不大于 1.5	
闪点(闭口)/℃	不低于 38	GB/T 21789—2008

国外较早已经使用生物航油，近年来多家航空公司逐步使用生物喷气燃料。2013 年，使用中国石化生物喷气燃料的东方航空空客 320 型飞机经过 85 分钟飞行后，平稳降落在上海虹桥国际机场，标志着中国自主研发生产的生物喷气燃料在商业客机首次试飞成功。自此中国成为世界上第四个掌握生物喷气燃料技术的国家。

1.4 负载型催化剂应用于生物油制备研究进展

生物质热解通过从可再生资源中提供燃料和增值化学品，并在环境保护中发挥了重要作用。然而，生物质的热解需要催化剂，获得目标化合物。双功能的金属负载催化剂则可以满足热解过程中对催化剂的要求，不仅在反应过程中促进加氢反应而且可以促进异构化的进程。

沸石是最常用的催化剂载体，但其他材料，如二氧化硅和生物质衍生活性炭已经引起了研究人员的兴趣。这三种催化剂载体有各自的优点。

介孔二氧化硅具有独特的性能，包括高表面积（$800 \sim 1400 m^2/g$）、中纳米孔隙（$2 \sim 50nm$）、可调孔径和多种形貌（使用可调合成技术）在催化、吸附和传感方面的应用具有相当重要的意义。M41S 型材料如 MCM-41、MCM-48 和 MCM-50 分别具有二维立方、六角形和层状结构的介孔。Jowaral 等人选择了 La/MCM-41 催化剂，La 负载质量分数分别为 1%、5% 和 10%。利用这些催化剂对油菜秸秆的真空热解蒸气进行了升级，获得了高价值的生物油。结果表明，MCM-41 的大孔径和 La 的可调酸性能对烃类生产具有良好的催化性能。在 MCM-41 上加载 5% 时，烃含量最高（35%），热值最高（34MJ/kg），焦炭含量最低。这可能与在适当的酸浓度下提高了活性位点的反应效率，从而使含氧化合物的去甲基化和脱水反应增强有关。Zhi 等人在 La-Fe/Si-MCM-41 催化剂上对大豆油进行催化裂化。通过比较不同催化剂得到的生物油的性质，证明了酸和碱性金属位点是脱氧和芳构化反应的主要活性位点。以 La_2O_3 和三氧化二铁的形式存在于通道壁和外表面，导致催化剂硼离子和强路易斯酸度降低，弱路易斯酸度和碱度增加，促进生物燃料产量达到 73.27%，芳烃含量下降至 14.52%。在 La-Fe/Si-MCM-41 中加入氧化钙，提高了生物燃料的酸值并降低了气态产物的二氧化碳含量。同时，将氧化钙转化为碳酸钙，表明氧化钙同时作为催化剂、吸收剂和反应物，升级液体和气态产物。

活性炭（AC）是一种环境可持续的氧化还原反应（ORR）催化剂，由于其固有的高比表面积和介孔特性而广泛用于催化剂的制备。Zihao 等人在惰性气体气氛下，利用不同的金属（Ni、Ni/Mo、Ru、Pd、Pd/Pt、Pt、Ir、Os、Rh）负载在 Al_2O_3、SiO_2、Cr_2O_3、MgO、C 上并进行了不同多相催化剂脱羧反应。活性炭支持 5%Pd/C 催化剂使硬脂酸转化为 C_{17} "绿色类样" 烃（主要是正庚烷）最好，硬脂酸转化率为 100%，对 C_{17} 总碳氢化合物的选择性为 99%。5%Pd/C 的高脱羧活性是由于活性炭的比表面积明显高于金属氧化物载体，以及 Pd 能够形成 Pd/H 配合物，作为脱羧的催化位点。Humair 等人以活性炭铂（Pt/AC）和活性炭钯（Pd/AC）为催化剂，对亚超临界乙醇生物油进行升级，AC 作为催化剂载体对亚临界和超临界乙醇的升级工艺不仅提高了生物油的物理性能，而且改变了生物油有机化合物的组成。化学成分分析表明，在亚超临界过程中，酸组分显著降低，因此在超临界反应后，生物油 pH 值为 2.5～5.5。生物油的 HHV（高位热值）值从 28.55MJ/kg 增加到 36.4MJ/kg。

沸石，具有复杂的孔隙结构，被广泛地应用于生物质催化热解。这些催化剂可以促进裂化、脱水、脱氧反应，主要产生单芳香族成分。沸石催化剂的典型孔径和结构为其在生物油中对不同组分的特殊孔径和形状选择性提供了筛子。沸石根据孔径大小可分为小孔径（<0.5nm），如 SAPO；中等孔径（0.5～0.6nm），如 ZSM-5、ZSM-11；大孔径（0.6～0.8nm），如 Y、Beta。沸石的结构参数（包括孔径分布、孔道维度、微孔/介孔复合结构）与其酸性特征（酸强度、酸类型及酸中心分布）形成协同效应，共同决定其在生物油脱氧反应中的催化性能。其中沸石类型 Y 与其他沸石有着完全不同的孔结构，属于 FAU 拓扑。目前已有研究使用 Y 型沸石对生物质进行催化热解。从酸性活性相的数量和强度、孔隙率、生物质类型、最佳催化剂负载和反应条件来看，在几乎所有的文献报道中，这类沸石更容易提高生物油产率。更特别地，高表面积和低表面酸性的 Y 型沸石，有助于降低氧化合物，增加 n-化合物和脂肪族和芳香烃含量，特别是改善单芳烃和催化剂含量。Krisada 等人制备了 KOH/NaY 催化剂，在棕榈油与甲醇摩尔比为 1∶15、催化剂用量为 3%～6%（质量分数），温度 70℃、反应时间 2～3h 的条件下，10%KOH/NaY 催化剂的生物柴油收率可达 91.07%。

1.5 铌基催化剂的制备及催化应用

铌（Nb）是周期表中的第 41 号元素，属于过渡金属。它的电子构型为 [Kr] $4d^4 5s^1$，原子序数为 41，原子量为 92.91。铌元素具有良好的热稳定性和化学稳定性，在高温和强氧化性条件下表现出优异的性能。此外，铌元素还具有较高的强度和耐腐蚀性，使得铌及其化合物在材料科学和催化领域中得到广泛应用。铌具有丰富的氧化态，可以在不同氧化态间进行可逆转变，从而调节催化剂的活性和选择性。例如，铌的氧化态可以通过调控氧化还原反应来实现催化剂的活性调控，适应不同反应的要求。其次，铌具有丰富的表面活性位点，可以提供丰富的反应中心，促进催化反应的进行。此外，铌具有可调控的酸碱性，可以在酸性和碱性条件下催化不同类型的反应。

1.5.1　铌酸结构特性及应用

铌酸（$Nb_2O_5 \cdot nH_2O$），又名含水氧化铌，是水化的 Nb_2O_5，是一种耐水固体酸。铌酸的结构主要由扭曲的 NbO_6 八面体和 NbO_4 四面体组成。其酸性主要来源于表面的 Nb—OH（布朗斯特酸中心）和配位未饱和的 Nb^{5+}（路易斯酸中心），铌酸结构模型及酸性位点如图 1-28 所示。通常，铌酸在 580℃时开始由无定形向结晶型转化，并且它的强酸性在温度超过 527℃时开始逐渐消失。铌酸表面的路易斯酸强度随着处理温度的升高而增强，而超过 500℃时开始减弱；而布朗斯特酸强度在 100℃处理时达到最强，继续升高处理温度其强度同样开始减弱。

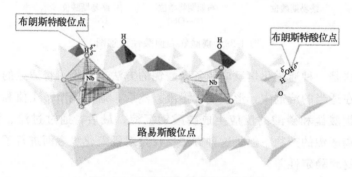

图 1-28　铌酸结构模型及酸性位点

铌酸制备方法主要有水解法、沉淀法、水热法和模板法等，主要原料有 $NbCl_5$、氟铌酸、草酸铌等。Nakajima 等人采用水解法以 $NbCl_5$ 为前体制备了体相的含水铌酸。将制备的酸置于水环境中时，NbO_4 四面体会与水形成 $NbO_4\text{-}H_2O$ 加合物。部分加和物仍然可以作为有效的路易斯酸位点，催化苯甲醛与四烯丙基锡的烯丙基化，以及葡萄糖在水中转化为 5-(羟甲基) 糠醛。Fan 等人采用水热合成方法制备一种铌酸纳米薄片，这种纳米薄片是由无定形铌酸颗粒经溶解-再结晶方式获得。结果表明，铌酸纳米薄片结构的主要构建单元是 NbO_6 八面体，表现出布朗斯特酸性而几乎不存在路易斯酸（L 酸）位。与传统的固体酸相比，铌酸纳米薄片在菊糖水解制果糖反应中表现出更高的活性及循环稳定性，目标产物果糖的收率高达 80%。Nakajima 等人使用共聚物作为模板剂制备了高比表面积的介孔铌酸（$250\sim350m^2/g$），所得介孔铌酸的孔径随模板剂分子量的增加而增大。在纤维二糖水解反应中，介孔铌酸表现出比超微孔铌酸和体相铌酸更高的催化活性。此外，模板法还被成功应用于制备介孔 Nb-W 氧化物、球形氧化铌及结晶型 Nb_2O_5 等。

1.5.2 磷酸铌结构特性及制备方法

磷酸铌（$NbOPO_4$），表现出比铌酸更强的酸性，具有独特的酸性能、可调的酸位密度和高的热稳定性，也是一种非常重要的耐水固体酸，磷酸铌表面酸性如图 1-29 所示。磷酸铌中布朗斯特酸中心为 Nb—OH 和 P—OH，由于 P 的电负性比铌略大，P—OH 中心比 Nb—OH 中心的酸性略强，路易斯酸中心仍为未饱和的 Nb^{5+}。

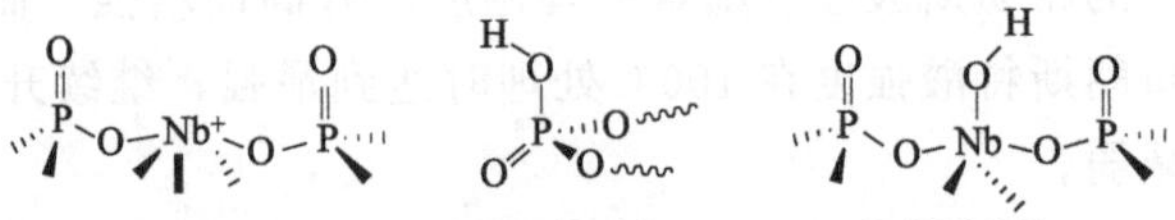

路易斯酸位 布朗斯特酸位 路易斯酸位
(P—OH) (Nb—OH)

图 1-29 磷酸铌表面酸性示意图

磷酸法是一种通过化学反应制备磷酸铌的方法。首先，将适量的铌酸盐和磷酸溶解在适当的溶剂中，形成混合溶液。然后，通过调节 pH 值和温度等条件，触发铌酸盐和磷酸的反应生成磷酸铌沉淀。最后，通过过滤、洗涤和干燥，得到磷酸铌的产物。但是这种方法仅仅是对铌氧化物表面进行了磷酸的剥蚀酸化，材料稳定性差。

水热法是一种常用的制备磷酸铌的方法。通常使用铌酸盐（如铌酸铵）和磷酸盐（如磷酸二氢铵）作为原料。首先，将适量的铌酸盐和磷酸盐溶解在适当的溶剂中，形成混合溶液。然后，将混合溶液置于高温高压的水热条件下反应一段时间。在水热条件下，铌酸盐和磷酸盐发生反应生成磷酸铌沉淀。最后，通过过滤、洗涤和干燥，得到磷酸铌的产物。

溶胶-凝胶法首先将铌酸盐（如铌酸铵）和磷酸盐（如磷酸二氢铵）在适当的溶剂中溶解，形成溶胶，然后加入适量的沉淀剂或酸催化剂，触发凝胶的形成，凝胶可以在低温下干燥并煅烧得到磷酸铌产物，待制成后仍需在超临界 CO_2 中进行干燥，才能得到磷酸铌。溶胶-凝胶法可以控制产物的形貌、纯度和晶相，并且可通过调节合成条件来获得不同形态和性能的磷酸铌。

模板合成法制备磷酸铌介孔材料是一种新方法，不同模板剂合成出来的磷酸铌材料的孔径不同。Mal 等人首次报道了利用 $C_6 \sim C_9$ 碳链长度烷基胺中性模板剂从五氯化铌开始制备介孔结构的磷酸铌材料，并且材料的孔径分布单一，集中在 1.25nm 左右。随后 Sarkar 等人利用碱性的十六烷基铵模板剂合成出了孔尺寸更大的介孔磷酸铌材料。王艳芹课题组以十六烷基三甲基溴化铵（CTAB）为模板剂，通过调 pH 值制备了一系列介孔磷酸铌。所制备的材料具有 $213\sim297m^2/g$ 的高比表面积、$3\sim4nm$ 狭窄的孔尺寸分布及大量的强布朗斯特和 Lewis 酸位。将此材料应用在果糖水相脱水制 5-羟甲基糠醛反应中表现了较高的活性，产率高达 45％且循环使用性能较好，主要归因于其出色的表面酸性和耐水性能。

1.5.3 铌基复合材料在加氢脱氧中的应用进展

近年来，以铌基材料和其他金属材料制备多功能复合材料，保留了铌基材料的强酸性，在加氢脱氧反应中取得较好的效果，广泛地应用于生物质能源转化中。特别是铌基材料与贵金属（Pt、Pd、Ru）材料，以及铌基材料与镍基材料制备的复合材料，在加氢脱氧中表现得更加出色。

Ryu 等制备了 Nb_2O_5-SiO_2 气凝胶并负载了贵金属 Pt。考察双功能 Pt/Nb_2O_5-SiO_2 催化剂对正丙醇加氢脱氧制丙烷和乙烷的催化性能，得出 Nb_2O_5-SiO_2 气凝胶具有良好的热稳定性且酸性能保持完整，反应 24h 后正丙醇转化率达 50％。

Ma 等采用三种铌基材料（HY-340、NbPO-CBMM 和 Nb_2O_5-Layer）为载体，负载 Ru，将其用于木质素及其模型化合物的催化转化。研究表明，木质素在所有的 Ru/铌基催化剂上都可以得到比较高的 $C_7\sim C_9$ 碳氢化合物的收率。其中，在 Ru/Nb_2O_5-Layer 催化剂上 $C_7\sim C_9$ 碳氢化合物的摩尔收率为 99.1％，选择性为 88.0％。

Xia 等制备了多功能的 Pd/$NbOPO_4$ 催化剂，将其应用于呋喃衍生物加氢脱氧变成液态烷烃，结果表明在 256h 实验中催化剂表现出良好的活性和稳定性。Pd/$NbOPO_4$ 催化剂在将其转化为烷烃过程中起三种作用：①贵金属（Pd）是加氢的活性中心；②NbO_x 物种有助于裂解 C—O 键，特别是四氢呋喃环的 C—O 键；③铌基固体酸催化脱水，使呋喃衍生物在温和条件下定量转化为烷烃。Li 和 Xia 等在铌氧化物负载的 Pd 催化氢化及碳氧键的断裂方面取得了较大的成果，成功地将木质素转化为链状烷烃燃料。Dumesic 等采用浸渍法，以草酸铌铵、硝酸铈制备了活性炭负载的 NbCe 复合载体（NbCe-C），并负载了贵金属 Pd。将所制备的 Pd/NbCe-C 催化剂应用于 γ-戊内酯开环加氢转化制正戊酸中，其中活性炭有效地实现了金属位 Pd 和酸性位 Nb 的分散。在稳定运行 200h 后，Pd/NbCe-C 催化剂对 γ-戊内酯的转化率仍然能达到 70％，并且目标产物正戊酸的选择性始终保持在 90％以上。

Jasika 等将镍分别负载到 Al_2O_3、SiO_2 和 Nb_2O_5 上，并用苯作为模型化合物，进行加氢反应。考查负载镍的 Al_2O_3、SiO_2 和 Nb_2O_5 的催化性能。实验结果表明：负载后表面酸量顺序为 $Al_2O_3 < SiO_2 < Nb_2O_5$。$Ni\text{-}Nb_2O_5$ 中 $Ni—Nb$ 键间存在相互作用。

总体而言，在高密度燃料的合成过程中，催化加氢脱氧路径会产生大量的水，水存在会毒化固体酸表面的酸性位导致催化剂失活，而铌材料具有良好的耐水性、热稳定性及强酸性。近年来，以贵金属与铌基制备的复合多功能材料，在加氢脱氧反应中取得较好的效果。探索过渡金属镍与铌基材料制备高活性的双功能催化材料对高密度燃料的转化具有重要意义。

1.6 生物质高密度碳氢燃料涉及的重要反应

链增长和环增长策略是进一步提高燃料密度的关键步骤。上述文献还涉及羰基还原偶联反应、环加成反应、Diels-Alder 反应、烯烃聚合反应等 C—C 偶联反应及加氢脱氧反应等。本书则主要借助烷基化反应、Aldol 缩合反应、[3+2] 环加成反应以及加氢脱氧反应等策略来制备蒎烯基生物质基高密度碳氢燃料。

1.6.1 寡聚反应

聚合反应是把低分子量的单体转化成高分子量的聚合物的过程。寡聚反应是聚合反应的一种，形成二聚体、三聚体、四聚体等聚合度较低的化合物。烯烃寡聚是制备长链烷烃的一种方法。Wright 等分别用自制的 Ziegler-Natta 催化剂和常规商用催化剂（H_2SO_4、MMT-K10、SulfatedZrO$_2$、Amberlyst-15 和 Nafion）催化 1-丁烯和 2-乙基-1-丁烯的寡聚反应。

环烯烃之间也可以发生寡聚反应，Chen 等以环戊醇为原料，通过环戊烯的寡聚重排反应制备十氢萘，得到高密度航空燃料。Masatomo 等以用 $AlCl_3$ 催化剂催化环己烯寡聚得到螺环化合物。Arias 等用 FeX_3（X = Cl 或 Br）催化 $C_5 \sim C_8$ 环烯烃寡聚、异构和重排，制备二聚双环化合物（图 1-30）。

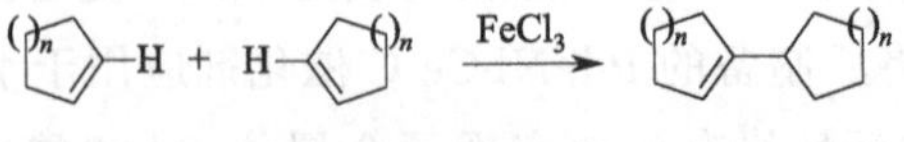

图 1-30 环烯烃寡聚反应示意图

1.6.2　烷基化反应

有机物分子中的 H 被烷基所取代的反应，称为烷基化反应。通过烷基化，可在被烷基化物分子中引入甲基、乙基、异丙基、叔丁基、长碳链烷基等烷基，也可引入氯甲基、羧甲基、羟乙基、腈乙基等烷基的衍生物，还可引入不饱和烃基、芳基等。通过烷基化，可形成新的碳碳、碳杂等共价键，延长有机化合物分子骨架。而在生物质高密度燃料的制备过程中涉及烷基化的目的在于完成 C—C 键偶合，形成新的 C—C 键，增加环数、支链等以增长碳数，进而获得高密度燃料。

C-烷基化是在有机化合物分子中的碳原子上引入烷基的反应，常用的催化剂有路易斯酸、质子酸、酸性氧化物等。许多固体酸中既含有布朗斯特酸中心也含有路易斯酸中心，因此采用固体酸催化剂可以很好地催化烷基化反应的发生。如 Zhang 等以 2-甲基呋喃和环己酮为原料，在 Amberylst-15 或 Nafion-212 的催化下，经过羟烷基化和加氢脱氧，得到了两种分别为 C_{11} 和 C_{16} 的直链单环烷烃。Li 等人以磷钨酸（HPW）作为催化剂，催化 4-乙基苯酚和苯甲醇的烷基化反应，在两者比例为 2∶1（摩尔比）、反应温度 110℃的反应条件下，苯甲醇的转化率可以达到 100%，单烷基化的产物（2-苄基-4-乙基苯酚和3-苄基-4-乙基苯酚）的总选择性最高可达到 71%（图 1-31）。

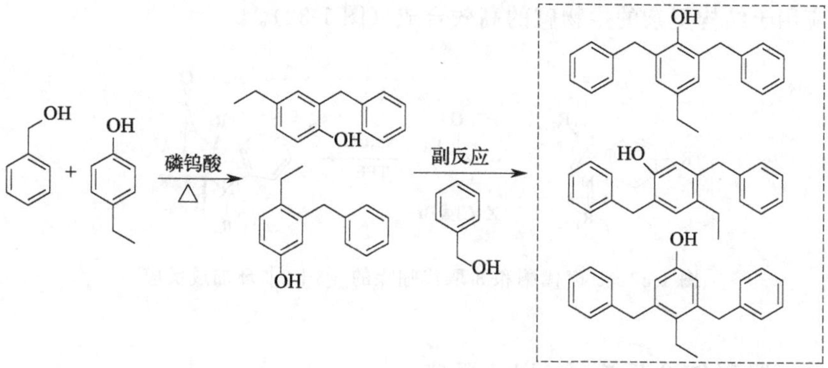

图 1-31　苯甲醇和 4-乙基苯酚的烷基化反应

1.6.3　[3+2]环加成反应

环加成反应（cycloaddition reaction）是两个共轭体系结合成环状分子的一种双分子反应，它是由两个或多个不饱和化合物（或同一化合物的不同部分）结合生成环状加合物并伴随有系统总键级数减少的化学反应。这类反应是合成单环及多环化合物的一种重要方法。有关环加成反应最早是德国化学家Diels 与其学生 Alder 等在 1928 年通过环戊二烯与顺丁烯二酸酐发生［4＋2］环加成实现的。常见的环加成反应类型除［4＋2］外，还包括［3＋2］、［2＋2＋2］、［3＋2＋2］、［4＋2＋2］等。其主要特点是可以将不饱和链状化合物直接转变成环状化合物，包括三元、四元、五元到九元、十元环等，且原子利用率高。在天然产物的全合成、药物化学等领域有着广泛的应用。前线轨道认为，分子发生化学反应，本质上就是 HOMO 轨道（最高占据分子轨道）与LUMO 轨道（最低未占据分子轨道）相互作用形成新的化学键的过程。前线轨道处理环加成反应的原则：双分子加成反应过程中，起作用的轨道是一个分子的 HOMO 轨道和另一个分子的 LUMO 轨道，电子从一个分子的 HOMO轨道流入另一分子的 LUMO 轨道。两个起作用的轨道必须具有相同的对称性且能量相近才能重叠。

　　［3＋2］环加成反应是一种常见的环加成反应，其可生成合适的三碳单元并在随后控制其对环加成反应的反应性，通常五元环的合成都需要催化完成。Hojoon Park 等利用钯催化［3＋2］环加成反应。Li 等人在碱催化作用下，研究了 α-卤代酮和 3-取代吲哚在三氟乙醇中发生立体选择性的［3＋2］环加成去芳化反应。实现了 α-卤代酮原位产生 1,3-偶极子，与 3-取代吲哚进行［3＋2］环加成，构建稠环二氢吲哚，反应条件温和、产率高、选择性好，该方法可以应用于结构复杂的生物碱的高效合成（图 1-32）。

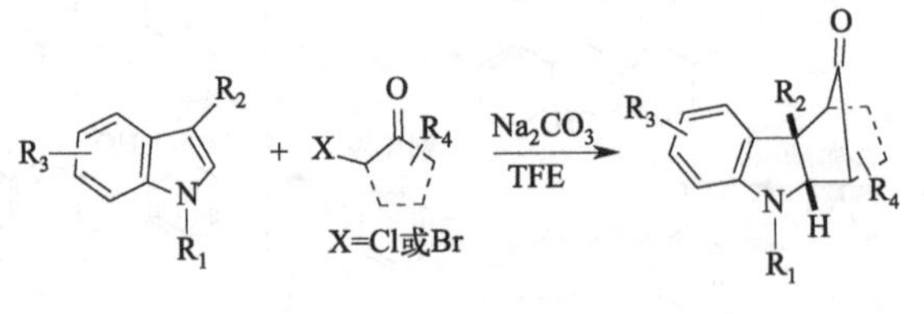

图 1-32　α-卤代酮和 3-取代吲哚的［3＋2］环加成反应

1.6.4　羟醛缩合反应（Aldol 反应）

　　羟醛缩合反应也叫 Aldol 反应，是指在催化作用下，含有 α-H 的醛、酮分子间发生自身缩合（或交叉缩合）形成两分子的加成物 β-羟基醛，产物受热失去一分子水形成 α,β-不饱和醛酮的过程。羟醛缩合反应可以被酸催化，也可以被碱催化，其酸碱催化羟醛缩合反应机理如图 1-33 所示。在酸催化下，一分子羰基化合物转化为烯醇，烯醇的 α-C 具有亲核性，进攻另一分子活泼的质子化羰基化合物，生成羟醛。然后在质子作用下发生脱水反应生成 α,β-不饱和羰基化合物，酸催化下满足"烯醇机理"；而在碱作用下，羰基化合物的活泼 α-H 形成烯醇负离子，该离子形态比烯醇更具亲核性，可直接进攻另一分子羰基化合物，形成羟醛，羟醛在碱作用下脱除另一个 α-H，β-羟基消除后形成 α,β-不饱和羰基化合物，因此碱催化下满足"烯醇负离子机理"。综上所述，实质上羟醛缩合反应是羰基化合物分子间的亲核加成反应。

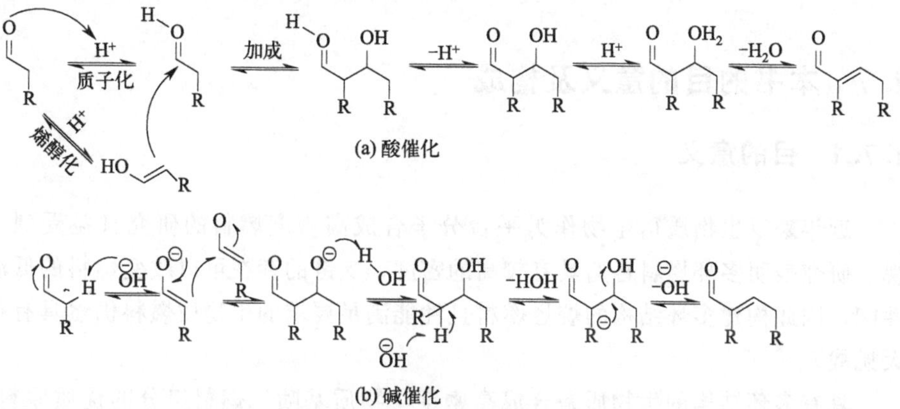

图 1-33 羟醛缩合反应机理

通过羟醛缩合反应可以实现碳链的增长，大部分木质纤维素平台化合物中都含有羰基，可通过羟醛缩合反应合成高密度燃料。Zdeněk 等人制备了 Zn/Mg-Al 复合氧化物，用于催化苯甲醛和庚醛的缩合反应。Zn 的掺入使得催化剂的中强碱性位点数量增加，从而使得产物茉莉醛的收率得到提高。

1.6.5 加氢脱氧反应

生物质中含有较多的不饱和键及氧元素，作为高品质高密度燃料，必须进行加氢脱氧反应，包括两个方面：氢化和脱氧，使大部分芳烃和烯烃处于饱和状态，从而提高燃料的热值。在生物质合成高密度燃料的过程中，往往需要通过加氢脱氧反应来去除燃料母体中的氧并提升 H/C 比（摩尔比）。

催化加氢脱氧是一种有效的燃油提质策略，加氢一般是在 H_2 氛围下，采用贵金属、过渡金属等氢化金属完成，而脱氧一般是指有机物中的氧原子以 H_2O 的形式脱去，需要酸性催化剂。酸性位点与氢化金属的有效结合可以提高 HDO 活性。酸性分子筛（Hβ、HZSM-5 等）、Al_2O_3、ZrO_2、TiO_2 等酸性材料已被广泛用于构建双功能加氢脱氧催化剂。Deepa 等人系统地研究了将贵金属（Pd、Pt、Ru）负载到（酸性、中性、碱性）载体制备双功能催化剂，研究对苯酚、愈创木酚以及丁香酚加氢脱氧反应的影响。结果表明，酸性载体更有利于氧的脱除，ZrO_2 能够活化吸附在其表面的含氧化合物，促使 ZrO_2 负载的金属催化剂在相同的反应条件下表现出更高的催化活性，其使用寿命明显优于 TiO_2 与 Al_2O_3 负载的催化剂。在各种氢化金属中，Ni 相对于贵金属而言，价格相对便宜，被认为是一种非常有效的物种，具有活性高、无污染、不易失活等优点。

1.7　本书的目的意义及构成

1.7.1　目的意义

近年来以生物质衍生物作为平台分子合成高密度燃料的研究日益受到重视。研究表明多环燃料普遍具有较高的密度，支链的存在可以改变燃料的低温性能，因此构建多环结构的烷烃燃料且性能满足要求的生物质燃料仍然具有很大挑战。

具有多环结构的生物质是合成高密度生物质基喷气燃料组分的优质原料。蒎烯具有双环结构，产量较丰富，通过分离可得到 10% 的 α-蒎烯和 90% 的 β-蒎烯，两个分子中均含有环丁基，环张力能在 100kJ/mol 以上，燃烧热值比相同分子量的直链和无环化合物高。虽然蒎烯作为原料在高密度燃料合成中取得一些进展，但主要集中在蒎烯的二聚或蒎烯与其他烯烃的偶联，其燃料性能不能满足要求。以蒎烯为原料合成多环化合物还有广阔的空间，可以与其他的生物质衍生物通过缩合、环加成、烷基化等反应得到性能不同的高密度燃料，结合蒎烯的优势结构与木质纤维平台化合物构建性能优异的高密度燃料具有一定创新意义。

1.7.2　构成

在当前"碳达峰"和"碳中和"的大背景之下，利用可再生资源制备生物质基高密度航空燃料已成为国家可持续发展战略中的重要领域。本书旨在利用源于松节油的蒎烯独特双环结构、木质纤维素衍生物的碳中性等优势，拟通过碳碳（C—C）偶联将蒎烯及其衍生物与糠醛、苯甲醛、2-甲基呋喃等木质纤维素衍生平台化合物反应合成含氧多环化合物，再通过加氢脱氧得到多环烷烃燃料；采用溶胶凝胶法、模板法制备介孔 Ni-Nb 双功能材料，催化含氧木质纤维素衍生物，研究催化剂尺寸、孔径、形貌等结构对加氢脱氧的影响机制。

本书共分为 9 章。

第 1 章为绪论，主要从生物质高密度燃料研究背景及研究进展、生物喷气燃料制备原料与技术路线、制备燃料过程中加氢脱氧催化剂的研究进展、生物质高密度碳氢燃料涉及的重要反应等四个方面进行介绍。

第 2 章采用浸渍法将 Keggin 结构的磷钨酸与磷钼酸负载于 SBA-15 分子筛上，制备出负载型 HPW/SBA-15 和 HPMo/SBA-15 催化剂，通过 FT-IR（傅里叶变换红外光谱）、XRD（X 射线衍射）、TEM（透射电子显微镜）、N_2 吸附-脱附对其结构进行表征，并将制备的催化剂用于 β-蒎烯二聚反应，探究负载型杂多酸在松节油二聚反应中的催化性能，提出反应路径。再通过加氢反应制备高密度燃料。

第 3 章采用固体酸催化剂在无溶剂条件下催化蒎烯与 2-甲基呋喃、蒎烯与苯甲醚发生烷基化反应，再通过加氢脱氧得到高密度燃料。研究固体酸催化剂的种类、反应物配比、反应温度、反应时间对烷基化反应产物选择性的影响，提出可能的反应路径。然后通过加氢脱氧得到生物质液体燃料，测定燃料的性能。

第 4 章通过液体碱催化 β-蒎烯的氧化产物诺蒎酮与链醛（异戊醛、己醛、辛醛、庚醛、十一醛）发生羟醛缩合反应，以及无溶剂条件下固体碱催化诺蒎酮与环状醛（苯甲醛、糠醛）发生羟醛缩合交反应，探究不同碱催化剂、反应物配比、反应温度和催化剂用量等对缩合反应转化率和产物选择性的影响。再通过加氢脱氧得到不同结构的生物质多环燃料，探究不同结构燃料与性能关系。采用 DFT（密度泛函）理论计算不同醛和酮的反应活性对比及加氢脱氧的反应路径。

第 5 章研究了 α-蒎烯与环己二酮（1,3 环己二酮或 5,5-二甲基-1,3 环己二酮）在碱性条件下发生 [3+2] 环加成反应构建多环燃料的前驱体，探究反应物配比及反应时间对环加成反应的影响，采用 DFT 计算比较两种二酮与 α-蒎烯的反应活性及探究反应机理，通过 Pd/C 和 Hβ 共同催化加氢脱氧反应，研究最终燃料的性能。

第 6 章以 MCM-41 为载体，采用浸渍法将 Zr、Cu 两种金属负载到 MCM-41 上，制备一系列 xZr-yCu/MCM-41 双功能催化剂，采用 FT-IR、XRD、BET（Brunauer-Emmett-Teller）、SEM（扫描电子显微镜）、TEM、TG（热重分析）等技术对催化剂进行表征；以油酸为模型化合物，探讨不同比例催化剂对油酸的热解性能；并探究热解温度、催化温度、醇油比等反应条件对反应产物的影响。

第 7 章以 Lay 为载体，采用浸渍法制备不同比例的 xNi-yCe/Lay 双功能催化剂，并利用 FT-IR、XRD、BET、SEM、TEM 等技术对催化剂进行表征；以油酸为模型化合物，GC-MS（气相色谱-质谱）为分析手段，探讨不同比例催化剂对油酸的热解性能；并探究热解温度、催化温度、醇油比等反应条件对反应产物的影响，提出反应机理。

第 8 章采用溶胶凝胶法制备 Ni-Nb$_2$O$_5$ 双功能催化剂及"一锅法"制备 Ni$_3$P-NbOPO$_4$ 催化剂，通过 FT-IR、XRD、SEM、NH$_3$-TPD（氨气程序升温脱附）、H$_2$-TPR（氢气程序升温还原）、TEM、BET、TG-DTG（热重-微商热重分析）等对催化剂的结构进行表征，探讨制备过程 pH 值、镍铌比对结构的影响。采用模型化合物苯甲醚或苯甲醛加氢脱氧反应考察催化剂活能。探究催化剂结构和反应参数对加氢脱氧性能的影响，并考察催化剂的稳定性，提出催化反应途径。

第 9 章为结论和展望。

第 2 章

杂多酸/SBA-15 催化蒎烯二聚反应合成高密度燃料

2.1 引言

2010 年 Harvey 等提出并证实了 β-蒎烯二聚物可以作为高能量密度燃料的观点。蒎烯二聚及异构反应通常是在酸催化条件下进行的，金属卤化物催化剂（如 $AlCl_3$）、离子交换树脂催化剂（如 Nafion、Amberlyst-15）、分子筛催化剂（如 Al-MCM-41、Beta）、杂多酸催化剂（如磷钨酸 HPW、磷钼酸 HP-Mo），不同的催化剂反应性能及选择性相差很大。磷钨酸与磷钼酸是广泛应用的强布朗斯特酸，具有低温活性高、选择性高、环境友好等优点，由于其优良的性能，它常被用作催化材料。

然而，磷钨酸与磷钼酸因其比表面积较小，不易回收，通常需要多孔材料来支撑。负载方法包括浸渍、溶胶-凝胶、水热分散、原位合成等。其中，浸渍法因其操作简单，且表面酸性强而得到广泛的应用。Nie 等通过浸渍法将磷钨酸负载到 MCM-41 上制备 HPW/MCM-41 上催化剂，得到具有高比表面积的强布朗斯特酸。SBA-15 是一类新型二氧化硅介孔材料，具有高度有序的六方形孔道体系。与 MCM-41（孔径 2～10nm）相比，SBA-15 具有更大的孔径（4.6～30nm）和较厚的孔壁，目前已被研究用作杂多酸载体。HPW/SBA-15 已被广泛用作酯化、聚合、烷基化等酸催化剂。然而，杂多酸负载在 SBA-15 上作为催化剂对二聚反应却鲜有报道。

2.2　材料与试剂

本章实验所使用的化学试剂及其规格、厂家见表 2-1。

表 2-1　化学试剂及纯度

试剂名称	规格	生产厂商
原硅酸四乙基酯	98%	北京百灵威科技有限公司
磷钼酸(HPMo)	99%	天津市瑞金特化学品有限公司
磷钨酸(HPW)	分析纯	上海阿拉丁生化科技股份有限公司
$EO_{20}PO_{70}EO_{20}$(P123)	$M_w=5800$	西格玛奥德里奇(上海)贸易有限公司
β-蒎烯	纯度 95%	云南林缘香料有限公司
盐酸	分析纯	云南汕滇药业有限公司
Pd/C	10%Pd,含水率 40%~60%	上海阿拉丁生化科技股份有限公司

本章实验所需设备和仪器及其厂家和型号见表 2-2。

表 2-2　实验仪器

设备名称	型号	生产厂家
气相色谱仪	7890A	美国安捷伦公司
气质联用仪	6890N-5975	美国安捷伦公司
傅里叶红外光谱仪	TENSOR 27	德国布鲁克公司
X 射线衍射仪	D8 Advance	德国布鲁克公司
比表面积测试仪	ASAP2020	美国麦克仪器公司
透射电子显微镜	JEM-2100F	日本电子(JEOL)公司
热值仪	SHR-15B	南京桑力电子设备厂
高压反应釜	SLM50	北京世纪森朗实验仪器有限公司
电子天平	AR224CN	奥豪斯仪器有限公司
烘箱	GZX-GF101-3-BS-Ⅱ/H	上海跃进医疗器械有限公司
马弗炉	SX2-12-10	天津中环实验电炉有限公司
恒温磁力搅拌器	DF-101S	巩义市予华仪器有限公司
差式扫描量热仪	DSC 200F3	德国耐驰仪器制造有限公司

2.3　制备方法

2.3.1　杂多酸/SBA-15 的制备

在 40℃恒温油浴磁力搅拌条件下,将 2g P123 溶于 75mL 浓度为 2mol/L

HCl 溶液中，待完全溶解后加入 4.36g 原硅酸四乙基酯，继续搅拌 24h，所得乳浊液转移至聚四氟乙烯内衬的反应釜中，100℃ 晶化 24h，冷却后抽滤并洗至中性，100℃ 干燥 12h，置于马弗炉中以 1℃/min 升温至 550℃ 焙烧 5h，制得载体 SBA-15。

采用浸渍法制备 HPW/SBA-15 和 HPMo/SBA-15。简要步骤如下：称取 0.2~1.0g 的杂多酸溶解于 40mL 蒸馏水中，向其中加入 1g SBA-15，35℃ 搅拌 6h 后，升温至 105℃ 蒸发除去水分，随后置于 120℃ 恒温干燥箱中干燥 12h，接着置于马弗炉中以 1℃/min 升温至 350℃ 焙烧 4h，制得 X HPMo/SBA-15 和 X HPW/SBA-15（其中 X 为杂多酸与 SBA-15 的质量比值）。

2.3.2　蒎烯二聚反应

将 10g β-蒎烯和 0.2g 催化剂置于 50mL 三口烧瓶中，N_2 气氛，常压，搅拌下将温度升到 150℃ 进行二聚反应，反应 3~6h，定时取样，用滤膜（0.22μm）过滤后进行检测分析。

2.3.3　二聚产物加氢反应

将二聚反应结束后的产物进行减压蒸馏，得到较纯的二聚产物，通过 Pd/C 催化得到加氢产物。加氢反应在带有磁力搅拌的 50mL 高压加氢反应釜中进行，将 10g 二聚产物及 0.4g Pd/C 催化剂加入反应釜中，反应温度 150℃，H_2 压力为 3.5MPa，反应时间 10h。反应结束后，离心除去催化剂得到高密度燃料。

2.3.4　产物分析方法

2.3.4.1　GC-MS 分析

采用安捷伦气相色谱-质谱联用仪 6890N/5975 对 β-蒎烯反应产物进行分析。色谱柱：HP-5MS（30m × 0.25mm × 0.25μm）。程序升温：初始温度 50℃，保持 1min，以 6℃/min 的速率升至 280℃，保持 10min。载气：氦气。流速 1.0mL/min，进样口温度 280℃，进样量 1μL，分流比 10∶1，溶剂延迟 2min，电离电压 70eV，离子源温度 230℃，传输线温度 280℃，质谱扫描方式：全扫描。

2.3.4.2　GC 分析

采用气相色谱对 β-蒎烯反应产物进行定量分析。气相色谱分析条件：安捷伦科技有限公司生产的 GC-7890 气相色谱仪，色谱柱为 HP-5 型毛细管柱（50m×0.25mm×0.25μm）；FID 检测器；载气为高纯 N_2，燃气为高纯 H_2；助燃气为空气；进样量 1μL；检测器温度 260℃；气化室温度 260℃；程序升温：60℃，保持 1min；15℃/min 升至 180℃，保持 1min；15℃/min 升至 260℃，保持 7min。采用面积归一化法进行定量分析。

2.4 催化剂的表征

2.4.1 傅里叶红外光谱分析

催化剂的官能团分析采用美国 Bruker 公司生产的 Vertex70 型傅里叶变换光谱仪。测定条件：KBr 压片；分辨率：4cm^{-1}；范围 400～4000cm^{-1}；扫描次数：64 次。

2.4.2 X 射线衍射法

催化剂的晶体结构和物相组成采用德国 Bruker 公司生产的 D8 Advance 型 X 射线衍射仪。测定条件：衍射源为 Cu-Kα，波长 $\lambda = 1.5406$Å（1Å = 0.1nm），管电压为 40kV，管电流为 30mA，扫描速度 10°/min，衍射角 2θ 扫描范围 5°～90°，扫描步长为 0.01°/步。

2.4.3 N_2 物理吸附-脱附

催化剂的比表面积及孔径分析采用美国 Micromeritics 公司生产的 ASAP2020 型全自动物理化学吸附仪。测试条件：约 0.2g 样品经 250℃脱气处理 12h，在此期间真空度达到 10^{-3}torr（1torr = 133Pa），然后样品在 −196℃的液氮冷阱中进行低温 N_2 吸附和脱附。采用 BET（Brunauer-Emmett-Teller）方法计算比表面积，BJH（Barrett-Joyner-Hallenda）方法计算孔容和孔径。

2.4.4 透射电子显微镜

催化剂的颗粒尺寸及晶体形貌等采用日本电子（JEOL）公司生产的 JEM-2100F 型场发射透射电子显微镜。测试前样品经研磨和超声分散后置于镀超薄碳膜的铜网上晾干，干燥后即在 200kV 电压下观测。

2.5　燃料性能测定

2.5.1　密度测定

燃料产品的密度测试参考国标 GB/T 2013—2010《液体石油化工产品密度测定法》和美国 ASTM D891 标准。采用比重瓶测定法测定密度。

2.5.2　运动黏度测定

燃料产品的运动黏度根据国标 GB/T 265—1988《石油产品运动粘度测定法和动力粘度计算法》，在低温恒温冷却循环槽中采用乌氏黏度计测定。在一定温度 t 时，燃料的运动黏度按照式(2-1)进行计算，τ_t 为 3 次测量的平均值。

$$\nu_t = c\tau_t \qquad (2\text{-}1)$$

式中　ν_t——运动黏度，mm^2/s；

　　　c——黏度计常数，mm^2/s^2；

　　　τ_t——样品流动时间，s。

2.5.3　燃烧热值测定

燃料产品的热值参考国标 GB/T 384—1981《石油产品热值测定法》和美国 ASTM 标准，采用氧弹量热仪进行测量。

2.5.4　冰点测定

采用差式扫描量热仪（DSC 200F3，德国耐驰仪器制造有限公司）对样品进行测试，保持 N_2 气氛，采用程序升温方法。测定标准按照国家标准 GB/T 2430—2008《航空燃料冰点测定法》。升温程序：初始温度 20℃升到 40℃，保持 3min；降温到 0℃，保持 5 min；降温到 −110℃，保持 5min；升温到 40℃，整个过程升降温速率均以 10℃/min 进行。

2.6　结果与讨论

2.6.1　催化剂结构分析

2.6.1.1　XRD 分析

图 2-1（a）和（c）分别是 HPW/SBA-15 和 HPMo/SBA-15 的小角度

XRD。由图可知，SBA-15 在 $2\theta = 1.3° \sim 1.8°$ 范围内有一个强吸收峰和两个弱峰，与文献报道一致，负载杂多酸 HPW/SBA-15 和 HPMo/SBA-15 均有（100）、（110）及（200）的 3 个晶面衍射峰，归属为 SBA-15 的二维六方结构，但随着 HPW 和 HPMo 负载量的增加，其特征晶面的衍射峰强度逐渐降低，可能是因为随着负载量逐渐增多会使分子筛的骨架受到轻微破坏。当 HPW、HPMo 负载量高达 100% 时，衍射峰降低较为明显，这是较多的 HPW、HPMo 导致了孔道的堵塞，对分子筛的介孔结构造成不利影响。

图 2-1(b)和(d)分别是不同负载量的 HPW/SBA-15 和 HPMo/SBA-15 的广角度 XRD 模式。由图可知，当 HPW 负载量≤60% 和 HPMo 负载量≤80% 时，负载后的催化剂与 SBA-15 的谱图基本一致，仅有少量的 HPW 和 HPMo 的特征峰出现，表明载体的表面 HPW、HPMo 已基本饱和；当 HPW、HP-Mo 负载量到 100% 时，其特征峰越明显，表明过多的 HPW、HPMo 在介孔材料上分布不均匀。

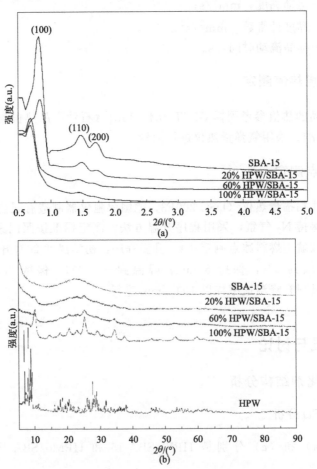

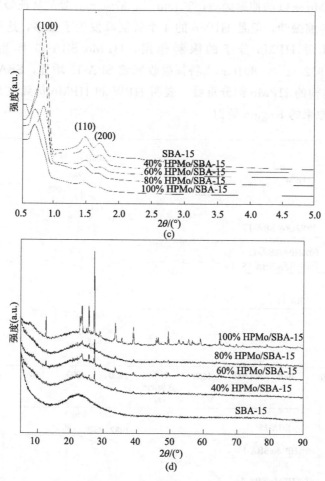

图 2-1　HPW/SBA-15 和 HPMo/SBA-15 的 XRD 图

（a）HPW/SBA-15 小角；（b）HPW/SBA-15 广角；（c）HPMo/SBA-15 小角；（d）HPMo/SBA-15 广角

2.6.1.2　FT-IR 分析

图 2-2（a）HPW/SBA-15 催化剂的 FT-IR 谱图。HPW 在 $1080cm^{-1}$、$983cm^{-1}$、$892cm^{-1}$ 和 $800cm^{-1}$ 处具有典型的 4 个主要的特征吸收峰，分别是氧原子与钨和磷结合的拉伸模式以及 Keggin 阴离子结构的特征峰。此外，Keggin 型 HPW 结构的吸收峰与 SBA-15 特征峰重叠或部分重叠，HPW/SBA-15 较 SBA-15 谱图中特征吸收峰增强，这与文献报道的结果一致。图 2-2（b）为 HPMo/SBA-15 的 FT-IR 谱图。由图可知，在 $400\sim1200cm^{-1}$ 范围内出现了 4 个特征吸收峰，$1082cm^{-1}$ 处的特征峰归属于 P—O 的振动吸收，$962cm^{-1}$ 处的特

征峰归属于 Mo＝O 的伸缩振动，804cm^{-1}、870cm^{-1} 处的特征峰归属于 Mo-O-Mo 键的伸缩振动，但是 HPMo 的 4 个特征峰发生了偏移，这可能是由于 SBA-15 的孔对 HPMo 分子的限制作用。HPMo/SBA-15 样品的谱图中 1082cm^{-1}、962cm^{-1}、804cm^{-1} 特征吸收峰较 SBA-15 增强，SBA-15 特征峰 与 Keggin 结构的 HPMo 部分重叠。表明 HPW 和 HPMo 负载在 SBA-15 上，且仍保持了原来的 Keggin 结构。

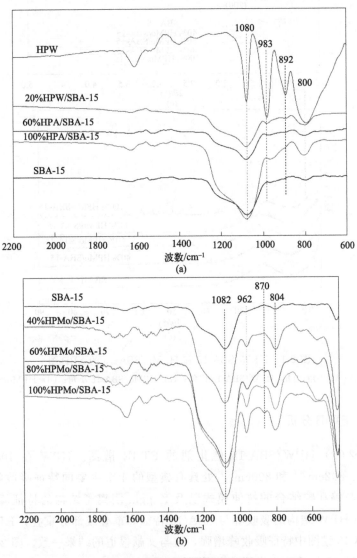

图 2-2 催化剂的红外光谱图
（a）HPW/SBA-15；（b）HPMo/SBA-15

2.6.1.3 比表面积分析

为了进一步探明该催化剂的结构特征,对不同负载量的 HPW/SBA-15 和 HPMo/SBA-15 进行 N$_2$ 吸附-脱附分析,并与 SBA-15 进行了对比。N$_2$ 吸附-脱附等温线及孔径分布如图 2-3 所示。SBA-15、HPW/SBA-15 和 HPMo/SBA-15 的孔结构参数见表 2-3。

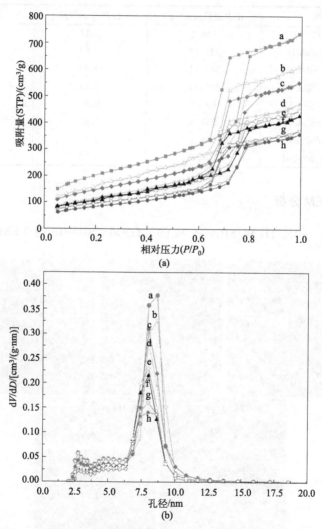

图 2-3 催化剂的 N$_2$ 吸附-脱附等温线 (a) 和孔径分布图 (b)

由图 2-3(a) 可知,该等温线具有 IUPAC (国际纯粹与应用化学联合会)所规定的 IV 型特征,相对压力在 0.65 左右时吸附量急剧增大,具有明显的滞后，这说明催化剂具有介孔结构材料的特征。由图 2.3(b) 可知催化剂具有较单一的介孔及少量的微孔结构。从表 2-3 中可看出，随着磷钨酸（HPW）/磷钼酸（HPMo）负载量的增加，其比表面积、孔容都逐渐减小。表明 SBA-15 分子筛上成功负载了 HPW/HPMo，当负载量增加到 100％时，其孔道堵塞严重以及比表面积明显降低。

表 2-3　催化剂的孔结构参数

催化剂	比表面积/(m²/g)	孔容/(cm³/g)	孔径/nm
SBA-15	738.2	1.12	6.18
20％HPW/SBA-15	621.53	0.82	6.13
60％HPW/SBA-15	559.21	0.69	6.07
100％HPW/SBA-15	339.71	0.55	6.06
40％HPMo/SBA-15	603.5	0.67	6.71
60％HPMo/SBA-15	553.3	0.65	6.76
80％HPMo/SBA-15	521.4	0.63	6.77
100％HPMo/SBA-15	309.7	0.52	7.01

2.6.1.4　TEM 分析

SBA-15、60％ HPW/SBA-15 和 60％HPMo/SBA-15 的 TEM 图如图 2-4

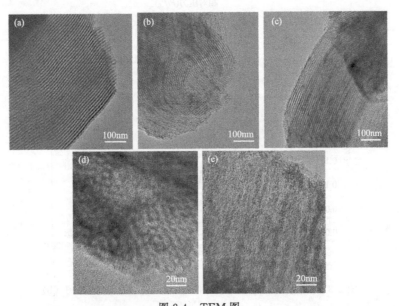

图 2-4　TEM 图

(a) SBA-15；(b)、(d) 60％HPW/SBA-15；(c)、(e) 60％HPMo/SBA-15

所示。由图可知，SBA-15 保持了有序的多孔结构，HPW 和 HPMo 在 SBA-15 上分布较均匀。

2.6.2　催化剂对 β-蒎烯二聚反应的催化性能

2.6.2.1　HPW/SBA-15 对 β-蒎烯二聚反应的催化性能

不同负载量 HPW/SBA-15 催化剂对 β-蒎烯二聚反应产物分布影响如图 2-5 所示。

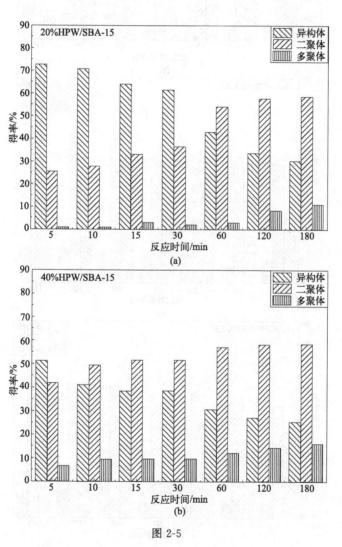

图 2-5

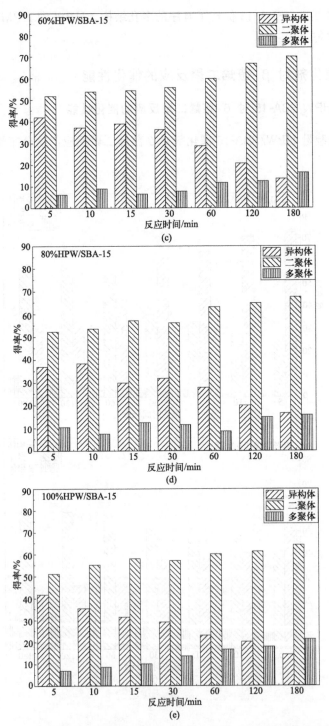

图 2-5　不同负载量的 HPW/SBA-15 对 β-蒎烯二聚反应产物分布图

由图可知，当 HPW 的负载量为 20％时，大部分 β-蒎烯在 5min 内迅速异构化，β-蒎烯的异构体达到 73％，二聚体的含量达到 26％。随着反应时间的延长，异构体的比例降低，二聚体的含量增加，同时出现了少量多聚物。这是由于 β-蒎烯的异构化产物发生了二聚或多聚。随着 HPW 负载量的增加，反应 5min 二聚体含量超过 50％，出现少量的多聚体，如图 2-5(c)～(e)所示。表明随着 HPW 负载量的增加，其催化活性增强，反应更为剧烈，异构化后立即发生二聚反应。当 HPW 负载量 60％，反应 3h 时，二聚体的得率最高达到 69.9％。

2.6.2.2　HPMo/SBA-15 对 β-蒎烯二聚反应的催化性能

如图 2-6 为不同负载量 HPMo/SBA-15 催化 β-蒎烯异构及二聚反应随反应时间变化的产物分布图。

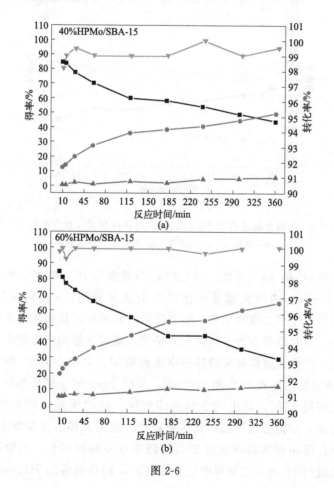

图 2-6

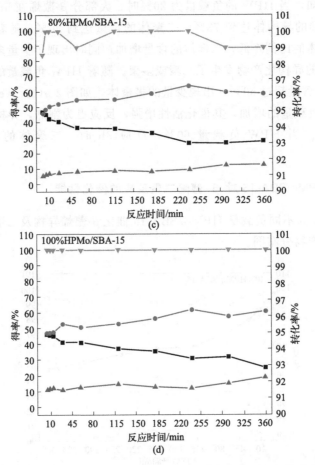

图 2-6　不同负载量的 HPMo/SBA-15 对 β-蒎烯催化反应产物分布图
■ 异构体　● 二聚体　▲ 多聚体　▽ 转化率

　　由图 2-6(a) 和（b）可知，当 HPMo 负载量为 40％和 60％时，在极短时间内（0～10min）内绝大部分 β-蒎烯发生快速异构，β-蒎烯的转化率超过98％，同时伴有少量二聚物生成；随着反应时间延长，异构体得率减少，二聚体得率增加，同时出现少量多聚体。这是因为蒎烯的异构产物发生二聚反应或者多聚反应，导致二聚体和多聚体得率逐渐增加。由图 2-6(c) 和（d）可知，当 HPMo 负载量增加到 80％和 100％时，反应 5min 时 β-蒎烯的异构体和二聚体的得率均超过 45％，且出现少量的多聚体，这说明随着磷钼酸（HPMo）负载量的增加，催化活性更强，反应更剧烈，蒎烯异构后立即发生二聚反应，导致二聚体在极短时间得率接近 50％。随着反应时间延长，二聚体的得率增加，当反应进行 4h 时，二聚得率达到最高。不同负载量的 HPMo/SBA-15 催

化 β-蒎烯制备 β-蒎烯二聚体得率均≥49.5％，以 80％HPMo/SBA-15 为催化剂催化 β-蒎烯二聚反应，其得率最高为 63.3％。可能是因为随着 HPMo 的负载量从 40％增加到 80％，分子筛表面的酸量逐渐增加，使得催化活性增强。但进一步增加磷钼酸的负载量，过高的磷钼酸在分子筛表面可能会形成团聚，导致催化活性降低。

现有文献中各种催化剂与笔者团队研究的催化剂催化 β-蒎烯制备二聚体的反应条件、转化率及二聚体得率如表 2-4 所示。由表可知，60％HPW/SBA-15 和 80％ HPMo/SBA-15 在 125℃催化 β-蒎烯时，转化率较离子交换树脂-15 和蒙脱土-10 高，与全氟磺酸 SAC-13 催化 β-蒎烯的转化率相当，但二聚体得率 20.6％，比全氟磺酸 SAC-13 催化 β-蒎烯二聚体得率（1.4％）高很多，说明全氟磺酸 SAC-13 催化剂主要发生异构反应。

表 2-4　不同催化剂用于 β-蒎烯二聚产物制备的比较

催化剂	转化率％	二聚体得率/％	多聚体得率/％	反应时间/h	反应温度/℃
60％HPW/SBA-15	94	25.4	3.8	3	125
80％HPMo/SBA-15	96	20.6	2.5	4	125
离子交换树脂-15	69	12.1	4.3	—	125
蒙脱土-10	10	41.5	11.6	—	125
全氟磺酸 SAC-13	94	1.4	0.3	—	125

2.6.3　异构及二聚反应机理探讨

蒎烯的异构及二聚反应产物种类多，反应过程复杂，且催化剂的种类对反应过程及结果的影响较大。因此，为了弄清楚杂多酸/SBA-15 催化蒎烯异构及二聚过程的影响，采用 GC-MS 对反应产物进行分析，由此讨论蒎烯异构及二聚的反应机理。β-蒎烯异构及二聚产物的总离子流图如图 2-7 所示。

通过 GC-MS 检测到蒎烯的异构产物主要以莰烯、异松油烯、萜品烯和三环烯等为主。二聚物主要由 3 种不同分子量的物质组成，其质谱图如图 2-8 所示。分子量为 272［图 2-8(a)］的物质在蒎烯的二聚产物中占主要部分，是通过含有一个双键的分子量为 136 的单体经自身或分子之间的交叉二聚来得到；分子量为 274［图 2-8(b)］占少量，可能是由薄荷烯与另一单环异构产物（如柠檬烯、萜品烯或异松油烯）经分子间的 Diels-Alder 反应得到的；此外，还含有极少量的分子量为 276［图 2-8(c)］的物质，说明反应中存在原位加氢反应，可能氢气源于对伞花烃形成过程中的脱氢反应。通过在转化过程中不同时间内的

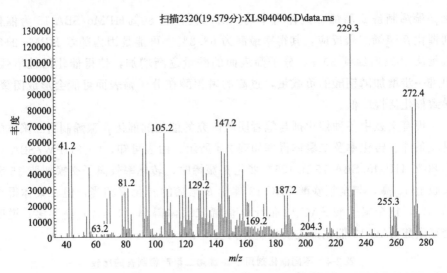

图 2-7 β-蒎烯异构及二聚产物的总离子流图

反应产物得率实验可以看出，在反应极短时间（5min）内，生成大量异构产物。随着反应的进行，异构体得率逐渐减少，二聚物的得率大大增加。说明二聚是以蒎烯的异构产物为主的单体二聚。

图 2-9 给出了蒎烯二聚的反应路径，更直观地表述该反应过程。首先，蒎烯在特定条件下迅速异构为不同产物，转化率达 96％以上，同时产生少量二聚物。其次，异构产物在反应中自身或相互交叉二聚，形成复杂的二聚混合物。

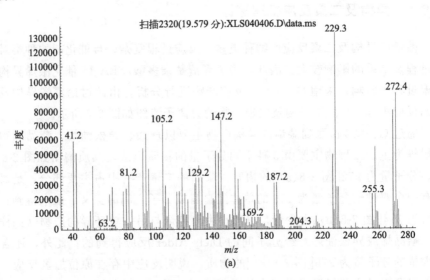

(a)

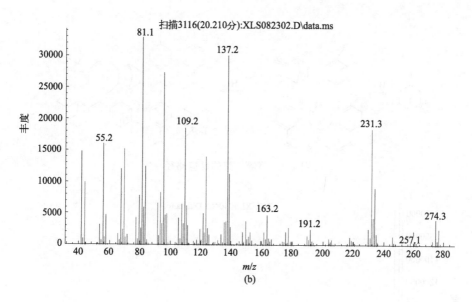

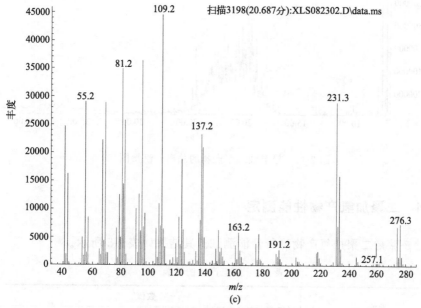

图 2-8　分子离子峰图

(a) 质荷比 272；(b) 质荷比 274；(c) 质荷比 276

图 2-10 给出了以松节油作为原料，反应时间为 3h 的二聚反应的产物。可以看出，在相同反应条件下，其二聚产物的分布与 β-蒎烯极其相似，并且二聚物得率也相当的。采用松节油直接作为原料进行该反应，而不必进行蒎烯的分离，从而大大降低了成本。

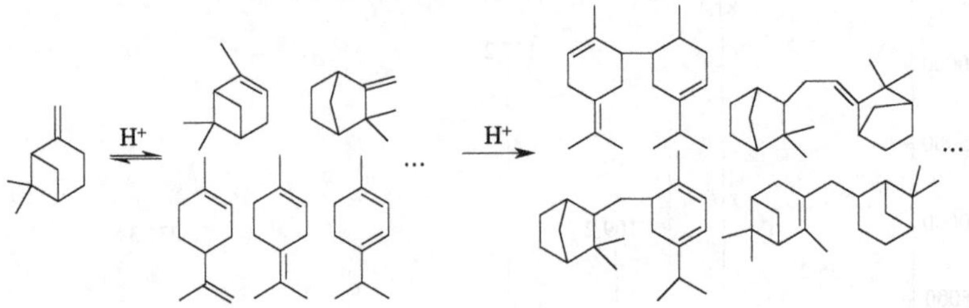

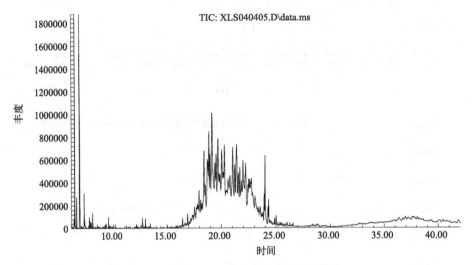

图 2-9　蒎烯二聚的反应路径

TIC: XLS040405.D\data.ms

图 2-10　松节油二聚产物的总离子流量图

2.6.4　二聚加氢产物性能测定

对 β-蒎烯二聚加氢产物进行性能测试。其结果如表 2-5 所示。

表 2-5　加氢产物的性能

性能	数值	
	产物	JP-10
密度(20℃)/(g/mL)	0.934	0.94
热值/(MJ/L)	39.18	39.6
黏度/(mm²/s)	126.8(20℃)	3.78(−10℃)
冰点/℃	−18	−79

由表可知，其密度 0.934g/mL（20℃）和热值 39.18MJ/L 与 JP-10［密

度为 0.94g/mL（20℃），热值（39.6MJ/L）〕相当，但 β-蒎烯二聚加氢产物黏度为 126.8mm²/s（20℃），比 JP-10 黏度大（-10℃时黏度为 3.78mm²/s），不能单独作为高密度燃料使用，可以作为添加剂与其他燃料（如 JP-10、蒎烷等）复配使用。

2.7　小结

采用原硅酸四乙基酯、三嵌段共聚物 P123 制备 SBA-15，然后通过浸渍法将磷钼酸、磷钨酸负载到 SBA-15 上制备具有介孔特性的 HPW/SBA-15 和 HPMo/SBA-15 催化剂，分析了其催化 β-蒎烯异构和聚合反应的产物分布，明确了反应路径，得到以下结论：

① HPW 的负载量低于或等于 60% 时，HPW 均匀地分散在载体上。当负载量较高时，分散效应较差，比表面积也有所减小。以 60% HPW/SBA-15 催化活性最高，150℃条件下反应 3h 后二聚体的产率达到 69.9%。

② HPMo 负载量≤80% 时，HPMo 可在载体上均匀分散，负载量高时分散效果变差，在分子塞表面团聚，导致孔道堵塞及比表面积降低。以 80% HP-Mo/SBA-15 催化活性最高，150℃条件下反应 4h 二聚产物得率达到 63.3%。

③ β-蒎烯先发生异构化，然后二聚形成产物，通过加氢二聚产物得到的燃料具有较高的热值与密度，与 JP-10 相当，但黏度较大，可以作为添加剂与其他燃料复配使用。

第3章

酸催化蒎烯烷基化反应合成高密度燃料

3.1 引言

蒎烯二聚物虽具有较高的热值和密度，但其冰点和黏度等低温性能较差，为解决其低温性能的不足，文献中常采用与市售石油基高密度燃料 JP-10、RJ-4 等进行复配的方法使其达到要求。也可以通过合成蒎烯基其他分子结构从本质上改变燃料的性能。因蒎烯含有双键，可以发生烷基化反应。烷基化反应是精细化学品生产常用的方法之一，涉及石化、医药化学品领域。可以作为烷基化试剂的化合物有卤烷、醇类、不饱和烃、环氧化合物、醛或酮类以及酯类。工业上常采用 $AlCl_3$、$FeCl_3$、$ZnCl_2$、分子筛、蒙脱土、酸性树脂等催化烷基化反应。生物质高密度燃料的制备过程中所涉及的烷基化过程目的在于完成 C—C 键偶合。Corma 首次以羟烷基化/烷基化（HAA）作为碳链增长反应对 2-甲基呋喃和一系列的生物质酮类或醛类化合物进行碳碳偶联，然后将获得的航空煤油前驱体进行加氢脱氧获得高碳数的支链烷烃化合物。探讨了液体酸、固体酸和一些酸性分子筛作为催化剂进行 HAA 反应，发现催化剂酸性越强，和底物可接触的活性位点越多，催化剂的活性越好。Wang 等以当归内酯和 2-甲基呋喃为原料进行 HAA 反应，该过程中由于避免了 H_2O 对 HAA 反应的抑制作用，提高了 HAA 反应的产率。Li 等以 2-MF 和环戊酮为原料通过 HAA 增长碳链，然后 HDO 获得环烷烃化合物。研究表明强酸条件下 HAA 更容易进行，以 Nafion-212 为催化剂，通过优化 HAA 目标产物产率可达 56.7%，2-MF 三聚物产率为 40.4%。将混合产物进行加氢脱氧，获得环烷烃和支链烷烃混合物，其密度为 $0.82g/cm^3$。Corma 等以芳烃与 HMF 为底物，利用分子筛催化剂进行 HAA 反应，实验发现催化剂 ITQ-2 因为酸强度和比表面积较高，具有较高的催化活性。Zheng 等以生物质平台化合物 4-乙基苯酚和苯甲醇为原料合成航空煤油前驱体。研究表明苯甲醇转化率可达 100%，目标产物选择性为 71%。再以 Pd/C 和 HSM-5 为催化剂进行加氢脱氧，得到性能较好的航空燃料。但关于烷基化反应用于蒎烯构建燃料的前驱体还鲜有报道。

因此，本章在酸性催化剂无溶剂条件下，探究蒎烯与木质纤维平台衍生物苯甲醚/2-甲基呋喃发生烷基化反应构建燃料前驱体，讨论不同酸性催化剂及工艺条件对烷基化产物选择性的影响，提出反应路径；随后经加氢脱氧反应得到生物质液体燃料，测试燃料的性能。

3.2 材料与试剂

本章所用的原料、化学试剂、规格及生产厂家见表 3-1。

表 3-1 化学试剂及规格

试剂名称	规格	生产厂家
松节油	95%	国药集团化学试剂有限公司
β-蒎烯	95%	云南林缘香料有限公司
α-蒎烯	95%	云南林缘香料有限公司
苯甲醚	分析纯	上海阿拉丁生化科技股份有限公司
2-甲基呋喃	98%	上海阿拉丁生化科技股份有限公司
钯碳	10%Pd	上海阿拉丁生化科技股份有限公司
磷钨酸（HPW）	分析纯	上海阿拉丁生化科技股份有限公司
磷钼酸（HPMo）	分析纯	上海阿拉丁生化科技股份有限公司
三氯化铁	分析纯	国药集团化学试剂有限公司
氯化锌	分析纯	国药集团化学试剂有限公司
氯化锡	分析纯	国药集团化学试剂有限公司
氯化铜	分析纯	国药集团化学试剂有限公司
蒙脱土-10	分析纯	上海阿拉丁生化科技股份有限公司
离子交换树脂-15	分析纯	上海阿拉丁生化科技股份有限公司
二氯甲烷（DCM）	分析纯	上海阿拉丁生化科技股份有限公司
四氢呋喃（THF）	分析纯	上海阿拉丁生化科技股份有限公司
N,N-二甲基甲酰胺（DMF）	分析纯	上海阿拉丁生化科技股份有限公司
乙腈（MeCN）	分析纯	上海阿拉丁生化科技股份有限公司

续表

试剂名称	规格	生产厂家
甲苯(TOL)	分析纯	云南杨林工业开发区汕滇药业有限公司
环己烷	分析纯	国药集团化学试剂有限公司
乙醇	分析纯	国药集团化学试剂有限公司
Hβ	SiO_2/Al_2O_3（摩尔比）=5.4	天津南化催化剂有限公司
HZSM-5	$SiO_2/Al_2O_3=25$	天津南化催化剂有限公司

本章实验所需仪器名称、厂家和型号见表3-2。

表3-2 实验仪器

设备名称	型号	生产厂商
电子天平	AR224CN	奥赛斯仪器(上海)有限公司
恒温加热磁力搅拌器	DF-101S	巩义市予华仪器有限公司
电热恒温鼓风干燥箱	GZX-GF10	上海跃进医疗器械有限公司
高压反应釜	100mL	北京世纪森朗实验仪器技术有限公司
气相色谱仪	7890A	美国安捷伦公司
气质联用仪	6890N/5975	美国安捷伦公司
高速冷冻离心机	3H24RI	湖南赫西仪器装备有限公司
热值仪	SHR-15B	南京桑力电子设备厂
差式扫描量热仪	DSC 200F3	德国耐驰仪器制造有限公司

3.3 制备方法与产物分析

3.3.1 蒎烯烷基化反应

蒎烯的烷基化反应在50mL三口烧瓶中进行，将一定量的α-蒎烯/β-蒎烯/松节油和2-甲基呋喃/苯甲醚加入反应瓶中，恒温磁力搅拌升温至设定温度，加入酸催化剂，通过恒温加热磁力搅拌在恒定的反应温度下反应一段时间，反应结束后，冷水浴冷却至室温，离心分离催化剂，取出少量样品加入乙酸乙酯稀释，过有机滤膜后采用GC/GC-MS分析。

3.3.2 加氢脱氧反应

烷基化产物的加氢脱氧（HDO）反应在50mL的磁力搅拌高压反应釜中进行。首先，减压蒸馏提纯烷基化产物，除去未反应的原料和部分副产物。将

1.0g 底物、20mL 环己烷、0.2g Pd/C（10%，质量分数）和 0.5～2.0g Hβ/HZSM-5 依次加入反应釜中。先用氮气置换反应釜中空气 2 次，再用约 2MPa H₂ 置换氮气 2 次，最后向反应釜充入 4MPa 氢气，调节转速 700r/min，220℃反应一段时间，反应结束后冷水浴冷却至室温，离心分离除去催化剂。

3.3.3　产物分析

3.3.3.1　GC-MS 分析

产物的定性分析通过气相色谱-质谱联用仪（安捷伦，6890N/5975）进行。根据待测物的成分选择所使用的色谱柱，烃类等极性小的不含氧的物质采用 HP-5 毛细管柱（30m×0.25mm×0.25μm），极性相对较大的含氧物质采用 HP-IINNOWAX 毛细管柱（30m×0.25mm×0.25μm）。程序升温：初始温度 50℃，保持 1min，以 6℃/mim 的速率升至 280℃，保持 10min。

载气：氦气。流速 1.0mL/min，进样口温度 280℃，进样量 1μL，分流比 10：1，溶剂延迟 2min，电离电压 70eV，离子源温度 230℃，传输线温度 280℃，质谱扫描方式：全扫描。

3.3.3.2　GC 分析

产物的定量分析采用气相色谱仪（安捷伦，7890A）进行。小极性的含氧化合物及不含氧烃类等物质采用 HP-5 毛细管柱（30m×0.25mm×0.25μm），极性相对较大的含氧物质采用 HP-IINNOWAX 毛细管柱（30m×0.25mm×0.25μm）。进样口温度：250℃；进样口压力：19.128psi（1psi＝6894.757Pa）；柱流速：5.5mL/min。柱箱内的升温程序：初始温度 50℃，以 10℃/min 升至 150℃，保持 3min；以 20℃/min 升至 250℃，保持 5min。FID 检测器，其氢气流量为 40mL/min，空气流量为 400mL/min，尾吹气氮气流量为 30mL/min，检测器温度为 300℃，进样量为 1μL。反应转化率、选择性及产率采用如下公式计算：

$$C = \frac{m_c}{m_0} \times 100\% \tag{3-1}$$

$$S = \frac{m_t}{\sum m_c} \times 100\% \tag{3-2}$$

$$Y = CS \times 100\% \tag{3-3}$$

式中　C——反应物的转化率，%；

　　　S——产物的选择性，%；

Y——产物的产率，%；

m_c——反应物转化的质量；

m_0——反应物初始质量；

m_t——目标产物的质量。

3.3.4 燃料性能评价

同 2.4 小节燃料性能测试评价。

3.4 结果与讨论

3.4.1 酸催化 β-蒎烯与 2-甲基呋喃的烷基化反应

β-蒎烯与 2-甲基呋喃在酸性条件制得烷基化产物的总离子流图及质谱图如图 3-1 所示。由图 3-1（a）可知，烷基化产物较复杂，同时还伴随副产物产生，副产物主要来自蒎烯的异构。由 MS 图图 3-1（b）可知，出峰时间为 18.674min 的产物分子离子峰 $[M]^+$ 为 218.3，表明其分子量为 218.3，与目标产物的分子量一致。根据文献报道，蒎烯在酸性条件下很容易异构。因此，采用增加 2-甲基呋喃与 β-蒎烯的比值进行反应，目的在于增加烷基化产物的选择性。

3.4.1.1 不同酸性催化剂对烷基化反应转化率的影响

根据 3.3.1 小节实验方法，探究不同酸性催化剂（$FeCl_3$、HPW、$ZnCl_2$、MMT-K10、Amberlyst-15、$SnCl_2$、$CuCl_2$、$MnCl_2$）对 β-蒎烯和 2-甲基呋喃的烷基化反应的影响，其结果如图 3-2 所示。由图 3-2 可知，不同酸对 β-蒎烯与 2-甲基呋喃烷基化反应影响较大。当 $n_{2\text{-甲基呋喃}}:n_{\beta\text{-蒎烯}}=2:1$，反应时间 4h 时，$FeCl_3$ 和 HPW 催化性能较好，转化率分别为 90.7% 和 72.9%，选择性分别为 75.1% 和 70.2%。其次是 $ZnCl_2$，转化率和选择性均在 60% 左右，而 $SnCl_2$、$CuCl_2$ 催化活性较低，$MnCl_2$ 几乎无催化活性，表明该反应在很大程度上受酸强度的影响。MMT-K10 作为催化剂时其转化率较高，接近 80%，但烷基化产物的选择性仅为 34.8%；而 Amberlyst-15 表现出更低的催化活性，可能与催化剂的酸性或者孔道大小有关。

3.4.1.2 不同溶剂对烷基化反应的影响

据文献报道，反应体系的极性受到溶剂的影响，或者让较活泼的反应物得

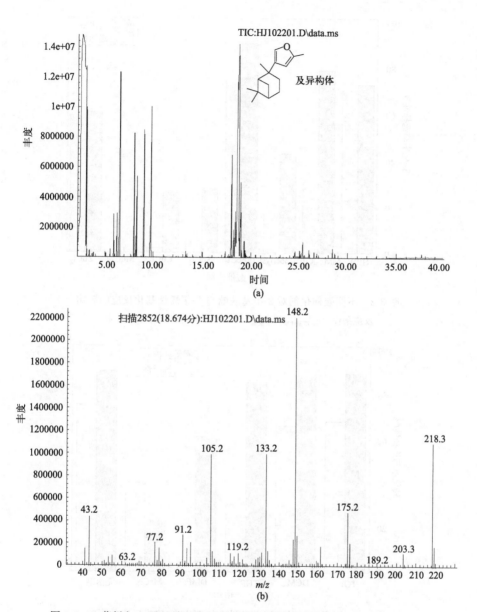

图 3-1　β-蒎烯与 2-甲基呋喃的烷基化产物总离子流图（a）及 MS 图（b）

到稀释，使得产物的选择性提高，反应效果得以改善。基于此，本实验在反应体系中添加不同溶剂以期获得更优的反应效果。根据 3.3.1 节的实验方法，探究有/无溶剂及溶剂的种类 ［甲苯（TOL）、二氯甲烷（DCM）、四氢呋喃（THF）、N,N-二甲基甲酰胺（DMF）、乙腈（MeCN）］对 β-蒎烯与 2-甲基呋喃烷基化反应的影响结果，如图 3-3 所示。

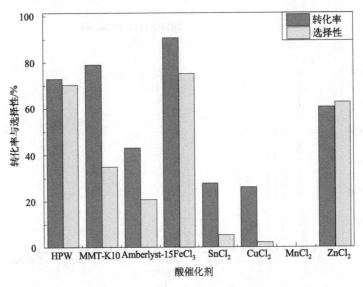

图 3-2　不同酸催化剂对 2-甲基呋喃与 β-蒎烯烷基化反应的影响

反应条件：$n_{2\text{-甲基呋喃}}/n_{\beta\text{-蒎烯}}=2:1$，0.1g 催化剂，80℃，4h

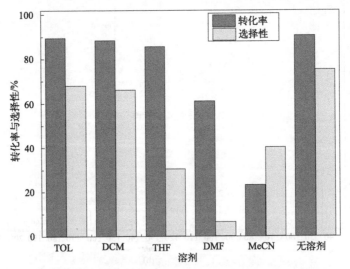

图 3-3　不同溶剂对 2-甲基呋喃与 β-蒎烯烷基化反应的影响

反应条件：$n_{2\text{-甲基呋喃}}:n_{\beta\text{-蒎烯}}=2:1$，0.2g $FeCl_3$，80℃，4h

从图 3-3 中可以看出，不同溶剂对 β-蒎烯和 2-甲基呋喃的烷基化反应影响差异明显。可能与溶剂的极性大小有关，5 种溶剂的极性大小为：MeCN＞DMF＞THF＞DCM＞TOL；对于强极性溶剂如乙腈（MeCN）、N,N-二甲基甲酰胺（DMF），其转化率和选择性均较低；对于弱极性溶剂如甲苯（TOL）、二氯甲烷（DCM），其转化率和选择性较高，但与不添加溶剂相比，β-蒎烯的转化率接近，产物的选择性略高于添加溶剂的，可能是因为添加溶剂，稀释了反应物的浓度，且从绿色化学的角度考虑，该反应体系不添加溶剂更合适。

3.4.1.3　2-甲基呋喃与 β-蒎烯烷基化反应条件优化

为了尽可能大地提高烷基化反应的转化率及产物的选择性，以 $FeCl_3$ 为催化剂，在无溶剂的条件下探究 2-甲基呋喃/β-蒎烯的比例、催化剂的用量、反应温度及反应时间对烷基化反应的影响，如图 3-4 所示。图 3-4(a) 所示为固定 β-蒎烯用量不变，增加 2-甲基呋喃的加入量，发现 β-蒎烯的转化率及烷基化产物的选择性均在逐渐增加。当 $n_{2\text{-甲基呋喃}} : n_{\beta\text{-蒎烯}} = 5:1$ 时，烷基化产物的选择性达到最大。继续增加 2-甲基呋喃的用量，转化率逐渐升高，而产物选择性却下降。因此 2-甲基呋喃与 β-蒎烯的最佳配比为 $5:1$。由图 3-4(b) 可知，转化率及产物选择性随着催化剂 $FeCl_3$ 用量的增加不断增加，说明催化剂量越多 β-蒎烯与 2-甲基呋喃反应得更完全，但当催化剂的量达到 0.25g 时，转化率达到最大，而选择性反而降低，可能是过多的催化剂同时也促进了蒎烯的异构，导致异构产物增多。由图 3-4(c) 可知，随着反应温度升高，β-蒎烯的转化率及产物的选择性迅速增加，说明随着温度升高，反应速率增加，促进了烷基化反应的进行。当温度达到 90℃时，其选择性和转化率达到最大。继续升高温度，其目标物的选择性略有降低。图 3-4(d) 为反应时间对烷基化反应的影响，由图可知，当反应时间为 1h 时，其转化率达到 87.5%，烷基化产物的选择性达到 72%，随着反应时间的延长，其转化率缓慢增加，而产物选择性快速提高，并逐渐趋于稳定。当反应时间为 6h 时，β-蒎烯的转化率和产物选择性达到最大，分别为 93.6% 和 90.6%。

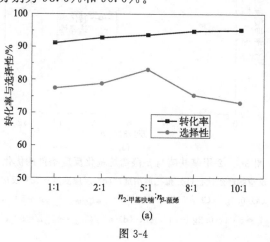

(a)

图 3-4

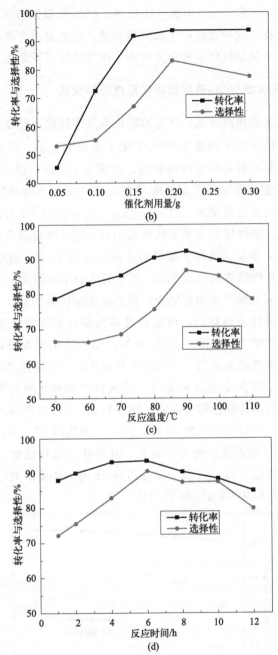

图 3-4　2-甲基呋喃与 β-蒎烯烷基化反应条件的优化

(a) 反应物摩尔比；(b) 催化剂用量；(c) 反应温度；(d) 反应时间

反应条件：(a) 0.1g FeCl$_3$，80℃，4h；(b) $n_{2\text{-甲基呋喃}}$ ：$n_{\beta\text{-蒎烯}}$ ＝5：1，80℃，4h；

(c) $n_{2\text{-甲基呋喃}}$ ：$n_{\beta\text{-蒎烯}}$ ＝5：1，0.2g FeCl$_3$，4h；(d) $n_{2\text{-甲基呋喃}}$ ：$n_{\beta\text{-蒎烯}}$ ＝5：1，0.2g FeCl$_3$，90℃

3.4.1.4　不同原料对反应转化率的影响

采用等量的 α-蒎烯、β-蒎烯、松节油与 2-甲基呋喃在优化的条件下进行反应，转化率及选择性如图 3-5 所示。

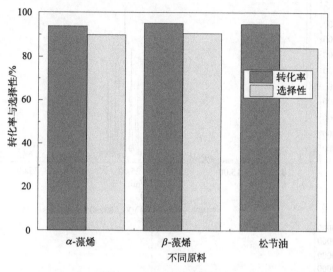

图 3-5　不同原料的影响

反应条件：$n_{2\text{-甲基呋喃}}$：$n_{\beta\text{-蒎烯}}=5:1$，0.2g $FeCl_3$，90℃，6h

由图 3-5 可看出 3 种不同原料与 2-甲基呋喃反应，其转化率接近，均超过 93%，但以松节油为原料时，其选择性略低，可能是因为松节油除了含有 α-蒎烯和 β-蒎烯，还含有其他的烯烃。

3.4.2　酸催化 β-蒎烯与苯甲醚的烷基化反应

在无溶剂的条件下，烷基化产物 β-蒎烯与苯甲醚在酸性条件反应得到烷基化产物的总离子流图及质谱图如图 3-6 所示。由总离子流图[图 3-6(a)]可知，与 β-蒎烯与 2-甲基呋喃的烷基化反应类似，其产物较复杂，副产物主要来自蒎烯的异构及蒎烯的二聚产物。由质谱图[图 3-6(b)]可知，出峰时间为 26.415min 的产物分子离子峰 $[M]^+$ 为 244.2，表明其分子量为 244.2，与目标产物的分子量一致。

3.4.2.1　不同酸性催化剂对苯甲醚和 β-蒎烯烷基化反应影响

在无溶剂的条件下，根据不同催化剂对 β-蒎烯与 2-甲基呋喃烷基化反应的

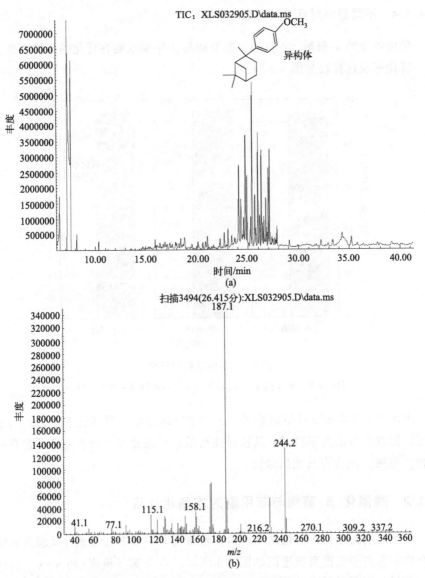

图 3-6 β-蒎烯与苯甲醚的烷基化产物总离子流图（a）及 MS 图（b）

催化性能，选择 5 种催化效果相对较好的催化剂用于苯甲醚和 β-蒎烯烷基化反应，探究其反应性能，结果如图 3-7 所示。

由图 3-7 可知，5 种不同酸性催化剂中，除了 Amberlyst-15，其余 4 种酸作为催化剂，β-蒎烯转化率均在 70％左右；但从烷基化产物的选择性来看，HPW＞FeCl₃＞ZnCl₂＞Amberlyst-15≈MMT-10。因此，总体效果来看 HPW 对苯甲醚和 β-蒎烯烷基化反应催化效果最好。

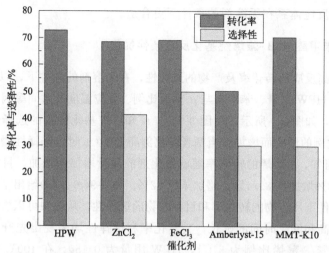

图 3-7　不同酸性催化剂对苯甲醚和 β-蒎烯烷基化反应影响

反应条件：$n_{苯甲醚}$: $n_{\beta\text{-}蒎烯}$＝2 : 1，90℃，4h，0.1g 催化剂，无溶剂

3.4.2.2　不同溶剂对苯甲醚和 β-蒎烯烷基化反应的影响

以 HPW 为催化剂，考察不同溶剂对苯甲醚和 β-蒎烯烷基化反应的影响，如图 3-8 所示。由图可知，不同极性溶剂对苯甲醚和 β-蒎烯烷基化反应差异较大，和 β-蒎烯与 2-甲基呋喃的反应相似，在强极性溶剂（MeCN 和 DMF）中反应物的转化率和产物的选择性均较低；在极性较弱的溶剂（DCM 和 THF）中，其转化率和选择性均较高，但与不添加溶剂相比，其转化率和选择性略

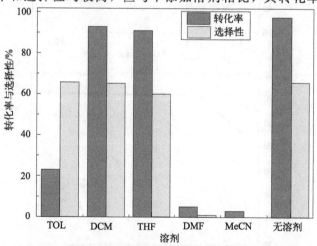

图 3-8　不同溶剂对苯甲醚和 β-蒎烯烷基化反应的影响

反应条件：$n_{苯甲醚}$: $n_{\beta\text{-}蒎烯}$＝2 : 1，5mL 溶剂，0.1g HPW，90℃，4h

低，因此该反应体系在无溶剂的条件下更合适。

3.4.2.3　苯甲醚与 β-蒎烯烷基化反应条件优化

为了提高反应的转化率及产物的选择性，在无溶剂的条件下，以 HPW 为催化剂，考察 HPW 用量、苯甲醚与 β-蒎烯比例、反应温度及时间等因素对烷基化反应的影响，如图 3-9 所示。由图 3-9(a) 可知，烷基化产物的选择性随着苯甲醚/β-蒎烯比例的增大而增加。当两者的比例高于 5∶1 时，选择性增加缓慢。由图 3-9(b) 可知，β-蒎烯的转化率随着催化剂的用量增加而增加，目标产物的选择性从 63.2% 增加到 82.4%，增加了 19.2%。图 3-9(c)，(d) 给出了不同温度和不同时间条件下反应物的转化率和目标产物的选择性，从图中可以看到，随着反应温度的升高和反应时间的延长，其转化率和选择性均表现出先升高后趋于平衡。当苯甲醚/β-蒎烯比例为 5∶1，HPW 用量为 0.15g，在 100℃ 条件下反应 6h，β-蒎烯的转化率为 94.5%，烷基化产物的选择性为 86.2%。

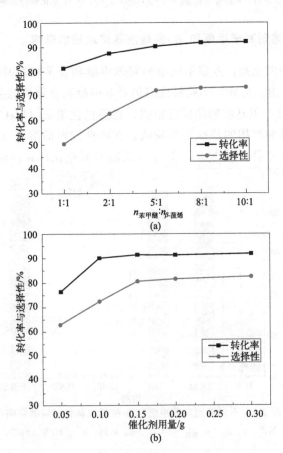

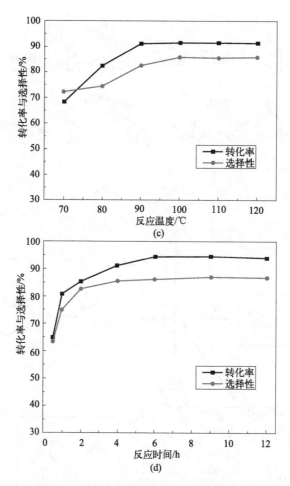

图 3-9 苯甲醚与 β-蒎烯烷基化反应条件的优化

（a）反应物的摩尔比；（b）催化剂用量；（c）反应温度；（d）反应时间

反应条件：（a）0.1g HPW，90℃，4h；（b）$n_{苯甲醚} : n_{\beta-蒎烯}$＝5∶1，90℃，4h；

（c）$n_{苯甲醚} : n_{\beta-蒎烯}$＝5∶1，0.15g HPW，4h；（d）$n_{苯甲醚} : n_{\beta-蒎烯}$＝5∶1，0.15g HPW，100℃

3.4.3 烷基化反应机理探讨

蒎烯与 2-甲基呋喃/苯甲醚的烷基化反应路径如图 3-10 所示。因蒎烯具有烯烃的性质，在酸性条件下，质子（H^+）先进攻蒎烯的 C＝C 双键位置，产生碳正离子，并异构化为稳定的碳正离子，随后捕获芳环上电负性较高的位置，进而形成种类较多烷基化产物。即蒎烯在酸性条件下产生不同的异构体，然后异构体与 2-甲基呋喃/苯甲醚发生烷基化反应形成较复杂的烷基化产物。

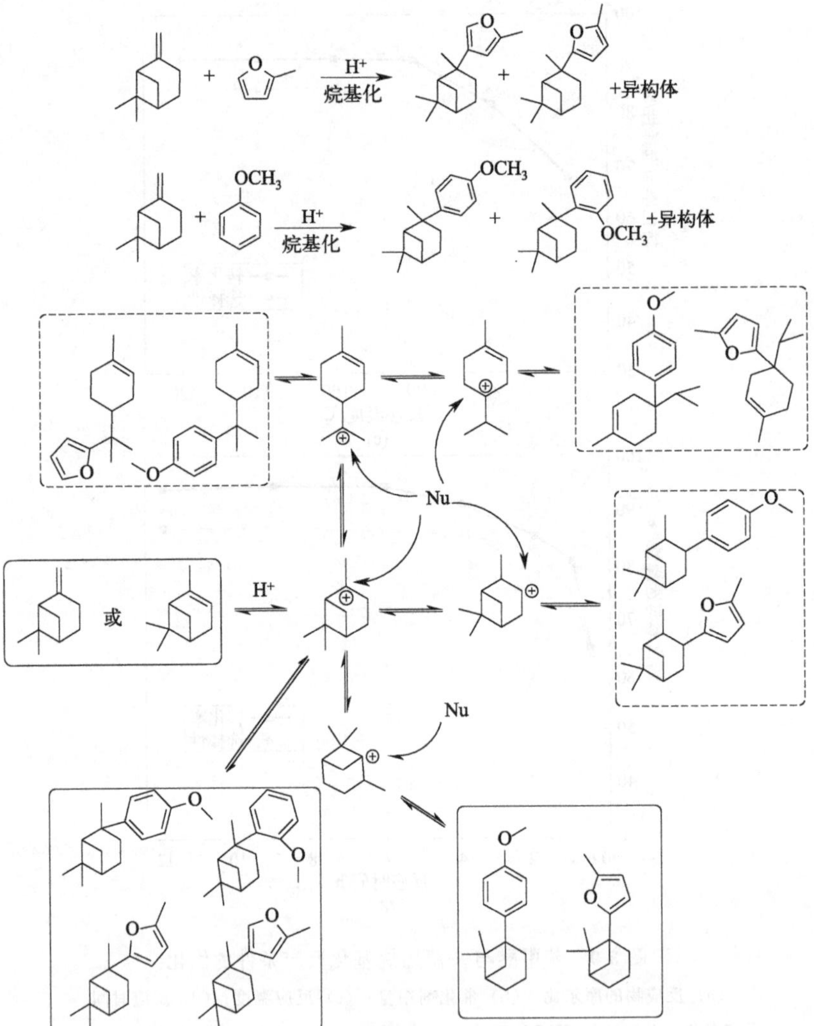

图 3-10　蒎烯与 2-甲基呋喃/苯甲醚的烷基化反应路径

3.4.4　烷基化产物加氢脱氧及燃料性能

相关文献报道，酚类衍生物在金属（Pt、Pd 和 Ni）与酸性分子筛混合催化作用下，可高效转化为环烷烃，在酸性条件下呋喃环可水解开环。将 β-蒎烯与 2-甲基呋喃及 β-蒎烯与苯甲醚的烷基化产物通过减压蒸馏后再进行加氢脱氧。按照 3.3.2 小节所述的方法，在 Pd/C 和酸性分子筛（Hβ 或 HZSM-5）

共同催化作用下，反应 12h，所得加氢脱氧产物的总离子流图如图 3-11 所示。由图 3-11（a）可知，加氢脱氧产物较复杂，主产物为烷基化产物及异构体加氢脱氧产物，其次还含有部分蒎烷及蒎烯异构体的加氢产物；而图 3-11（b）中除了主产物之外还含有少量的蒎烯生成二聚体的加氢产物。

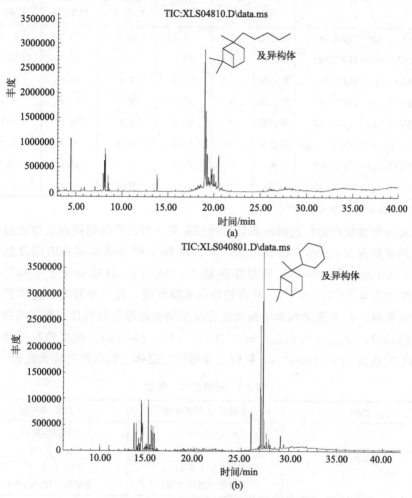

图 3-11　加氢脱氧产物总离子流图
（a）β-蒎烯/2-甲基呋喃；（b）β-蒎烯/苯甲醚

表 3-3 所示为不同加氢脱氧反应条件下烷烃和含氧化合物的组成。由表可知，随着 Hβ 量的增加，烷烃的得率在不断增加；随着反应时间延长到 12h，烷烃的得率超过 99％，几乎完全脱氧；水、乙醇作溶剂时进行加氢脱氧效果不好，环己烷是较理想的溶剂；Hβ 较 HZSM-5 更适合本加氢脱氧反应，可能是因为两者的孔径及酸量有差异，通常 β 型分子筛较 ZSM-5 型分子筛具有较

大的孔径。

表 3-3　烷基化产物加氢脱氧反应结果

催化剂	溶剂	时间/h	β-蒎烯/2-甲基呋喃		β-蒎烯/苯甲醚	
			烷烃收率/%	含氧化合物收率/%	烷烃收率/%	含氧化合物收率/%
Pd/C(0.2g)＋Hβ(0.5g)	环己烷	6	65.8	34.2	60.4	39.6
Pd/C(0.2g)＋Hβ(1.0g)	环己烷	6	79.7	20.3	76.6	24.4
Pd/C(0.2g)＋Hβ(1.5g)	环己烷	6	90.4	9.6	87.8	12.2
Pd/C(0.2g)＋Hβ(2.0g)	环己烷	6	96.2	3.8	93.5	6.5
Pd/C(0.2g)＋Hβ(2.0g)	环己烷	12	99.8	0.5	99.2	0.8
Pd/C(0.2g)＋HZSM-5(2.0g)	环己烷	12	83.8	16.2	80.4	19.6
Pd/C(0.2g)＋Hβ(2.0g)	水	12	42.1	57.9	48.5	41.5
Pd/C(0.2g)＋Hβ(2.0g)	乙醇	12	53.8	46.2	68.3	31.7

注：反应条件为 220℃，4MPa。

对加氢脱氧物经过减压蒸馏后得到燃料，对其产物的组成及性能进行分析，结果如表 3-4 所示。由表可知，由 β-蒎烯/2-甲基呋喃制备的混合燃料密度为 0.876g/cm³（20℃），质量净热值 41.4MJ/kg，且冰点小于 -60℃，在 -20℃时黏度 54.17mm²/s，具有较好的低温性能，是一种有潜在应用价值的高密度燃料。由 β-蒎烯和苯甲醚烷基化反应制备的混合燃料具有更高的密度和质量净热值，分别为 0.912g/cm³（20℃）和 43.1MJ/kg，黏度稍高一些，在 -20℃时达到 225.91mm²/s，但较 β-蒎烯的二聚体燃料黏度有较大改善。

表 3-4　燃料组成及性能

性能	β-蒎烯/2-甲基呋喃	β-蒎烯/苯甲醚
燃料组成	＜C$_{15}$(15.4%) C$_{15}$(77.9%) ＞C$_{15}$(5.8%) 含氧化合物(0.9%)	＜C$_{16}$(6.8%) C$_{16}$(65.2%) ＞C$_{16}$(26.5%) 含氧化合物(1.5%)
碳/氢比(摩尔比)	6.82	6.41
密度(20℃)/(g/cm³)	0.876	0.912
热值/(MJ/kg)	41.4	43.1
冰点/℃	＜-60	-32
运动黏度/(mm²/s)	8.56(20℃) 19.35(0℃) 54.17(-20℃)	34.56(20℃) 103.19(0℃) 225.91(-20℃)

3.5　小结

本章主要采用不同酸催化具有芳环结构的含氧化合物 2-甲基呋喃或苯甲醚与 β-蒎烯发生烷基化反应，并进一步加氢脱氧制备高密度碳氢燃料，得到如下结论：

① $FeCl_3$ 对 β-蒎烯与 2-甲基呋喃的烷基化反应表现出较好的催化活性。以 $FeCl_3$ 为催化剂，$n_{2\text{-}甲基呋喃}$：$n_{\beta\text{-}蒎烯}$＝5：1 且无溶剂，90℃反应 6h，β-蒎烯转化率和烷基化产物选择性分别为 93.6% 和 90.6%。经过加氢脱氧和减压蒸馏之后，混合碳氢燃料密度为 0.876g/cm^3，质量净热值 41.4MJ/kg，冰点低于 －60℃，在 －20℃时黏度 54.17mm^2/s，具有较好的低温性能，是一种有潜在应用价值的高密度燃料。

② 磷钨酸（HPW）对 β-蒎烯与苯甲醚的烷基化反应催化活性较好。当 $n_{苯甲醚}$：$n_{\beta\text{-}蒎烯}$＝5：1，HPW 催化剂为 0.15g，无溶剂且 100℃反应 4h 时，β-蒎烯的转化率为 94.5%，烷基化产物的选择性为 86.2%。经加氢脱氧以及减压蒸馏之后，混合碳氢燃料的密度为 0.912g/cm^3、质量净热值为 43.1MJ/kg，略低于蒎烯的二聚体燃料，冰点为 －32℃，黏度为 225.91mm^2/s（－20℃），低温性能较蒎烯二聚燃料有较大的改善。

第 4 章

碱催化诺蒎酮与醛 Aldol
缩合反应构建高密度燃料

4.1 引言

随着化石资源的匮乏和国家对可持续发展的重视，可再生的生物质资源高效催化转化制备航空煤油逐渐成为研究热点。研究者们通过 C—C 偶联的工艺来利用生物质衍生物制备航空煤油，包括异构化、Aldol 缩合反应、烯烃聚合反应、Diels-Alder 反应、羟烷基化/烷基化反应、还原偶联/重排反应、格氏反应、Robinson 环化反应等。木质纤维素衍生物中含有较多酮类、醛类等含氧化合物，Aldol 缩合反应通常用于构建高密度燃料。第 2 章和第 3 章研究表明，蒎烯在酸性条件下易发生异构，产物复杂，不易分析。因此将蒎烯氧化生成诺蒎酮，增加反应活性，与酮反应构建更多不同结构的燃料分子。

本章利用了不同体系的两种类型催化剂（液体碱、固体碱）。采用常用液体碱（氢氧化钠、氢氧化钾等）催化诺蒎酮与链醛（异戊醛、己醛、辛醛、庚醛、十一醛），固体碱（氧化镁、氧化钡、氧化钙等）催化诺蒎酮与环状醛（苯甲醛、糠醛）发生 Aldol 交叉缩合反应，随后在一定条件下发生加氢脱氧反应，得到生物质多环燃料。探究了不同催化剂、反应物加料配比、反应温度和催化剂用量等对缩合反应中原料转化率和中间体产物选择性的影响，探究了随反应时间变化各物质组成变化规律，提出合理的解释机理和路径，测试了燃料产品的密度、黏度、热值和冰点。

4.2　材料与试剂

本章实验所需试剂及规格如表 4-1 所示。

表 4-1　化学试剂及纯度

试剂名称	规格	生产厂家
β-蒎烯	>95%	云南林缘香料有限公司
硫酸	分析纯	汕滇药业有限公司
高锰酸钾	分析纯	汕滇药业有限公司
十六烷基三甲基溴化铵	分析纯	国药集团化学试剂有限公司
丙酮	分析纯	汕滇药业有限公司
乙酸乙酯	分析纯	国药集团化学试剂有限公司
无水硫酸钠	分析纯	国药集团化学试剂有限公司
异戊醛	分析纯	上海阿拉丁生化科技股份有限公司
己醛	分析纯	上海阿拉丁生化科技股份有限公司
庚醛	分析纯	上海阿拉丁生化科技股份有限公司
辛醛	分析纯	上海阿拉丁生化科技股份有限公司
十一醛	分析纯	上海阿拉丁生化科技股份有限公司
糠醛	分析纯	上海阿拉丁生化科技股份有限公司
苯甲醛	分析纯	上海阿拉丁生化科技股份有限公司
叔丁醇钾(t-BuOK)	分析纯	国药集团化学试剂有限公司
乙醇钠(EtONa)	分析纯	成都市科隆化学品有限公司
甲醇钠(CH_3ONa)	分析纯	成都市科隆化学品有限公司
氢氧化钠(NaOH)	分析纯	国药集团化学试剂有限公司
氢氧化钾(KOH)	分析纯	国药集团化学试剂有限公司
碳酸钾(K_2CO_3)	分析纯	国药集团化学试剂有限公司
碳酸钠(Na_2CO_3)	分析纯	国药集团化学试剂有限公司
氧化镁(MgO)	分析纯	国药集团化学试剂有限公司
氧化铝(Al_2O_3)	分析纯	国药集团化学试剂有限公司
氧化锶(SrO)	分析纯	国药集团化学试剂有限公司
甲醇(CH_3OH)	分析纯	成都市科隆化学品有限公司
乙醇	分析纯	成都市科隆化学品有限公司
甲苯	分析纯	汕滇药业有限公司
叔丁醇	分析纯	国药集团化学试剂有限公司
Pd/C	分析纯	上海阿拉丁生化科技股份有限公司
Hβ	$SiO_2/Al_2O_3=5.4$	天津南化催化剂有限公司
环己烷	分析纯	国药集团化学试剂有限公司

表 4-2 列出了本章实验所需要主要的仪器设备名称、厂家和型号。

表 4-2　实验仪器

仪器名称	型号	生产厂商
电子分析天平	AR224CN	奥豪斯仪器有限公司
电热恒温鼓风干燥箱	GZX-GF101-3-BS-Ⅱ/H	上海跃进医疗器械有限公司
傅里叶红外光谱仪	TENSOR 27	德国布鲁克公司
集热式恒温加热磁力搅拌器	DF-101S	巩义市予华仪器有限责任公司
核磁共振波谱仪	Bruker 500M	德国布鲁克光谱仪器有限公司
热值仪	SHR-15B	南京桑力电子设备厂
电动搅拌器	FY2403000	莱茵兰子汉股份有限公司
高压反应釜	SLM50	北京世纪森朗实验仪器有限公司
气相色谱仪	7890A	美国安捷伦公司
气质联用仪	6890N-5975	美国安捷伦公司

4.3　制备方法与产物分析

4.3.1　诺蒎酮的合成

诺蒎酮的合成方法参照文献方法，其简要步骤：将 20.0g（0.148mol）β-蒎烯加入 250mL 装有搅拌器、回流冷凝管和温度计的三口烧瓶中，随后缓慢加入 100mL 溶有 1.0g 十六烷基三甲基溴化铵（CTAB）的丙酮溶液及 12mL 浓度为 2mol/L 的 H_2SO_4 溶液。冰浴冷却至 15℃ 以下，分批加入 74.4g KMnO$_4$ 粉末。移去冰浴，设置搅拌转速 300r/min，室温反应 4h。反应结束后，抽滤、丙酮洗涤残渣。滤液经减压蒸馏、萃取、干燥、过滤等步骤得到诺蒎酮。采用 GC-MS、^{1}H-NMR 和 ^{13}C-NMR 对产物进行分析。

4.3.2　液体碱催化诺蒎酮与脂肪链醛羟醛缩合反应

配制 1mol/L 的 NaOH、KOH、LiOH、K_2CO_3、Na_2CO_3 溶液作为液体碱催化剂使用。缩合反应简要步骤如下：准确称量 10mmol 诺蒎酮和等量链醛，移取液体碱，加入装有磁力搅拌子 50mL 圆底烧瓶中，恒温反应一段时间后，冷却至室温，接着使用乙酸乙酯萃取、水洗、干燥、抽滤、减压蒸馏等步骤得到缩合产物，采用 GC、GC-MS、^{1}H-NMR 和 ^{13}C-NMR 对产物进行分析。

4.3.3　固体碱催化诺蒎酮与芳香醛羟醛缩合反应

蒎诺酮与芳香醛羟醛缩合反应采用固体碱催化在厚壁耐压管（0.6MPa）进行。具体步骤：将蒎诺酮、芳香醛和固体碱催化剂（SrO、MgO、BaO、CaO、La_2O_3）依次装入厚壁耐压管中。恒温反应一定时间后，将反应器在冷水浴中冷却至室温，采用乙酸乙酯溶解稀释产物，通过离心分离催化剂。产物结构采用[1]H-NMR 和碳谱[13]C-NMR 分析，产物定量采用 GC 分析。

4.3.4　燃料母体的加氢脱氧反应

缩合产物中含有双键和酮基，需进行加氢脱氧才能得到饱和碳氢燃料。缩合产物的加氢脱氧反应步骤与 3.3.2 节相同，设置反应温度 160～200℃和反应时间 10h。反应结束后产物通过 GC、GC-MS、^{1}H-NMR、^{13}C-NMR 分析。

4.3.5　产物分析

4.3.5.1　GC-MS 与 GC 分析

GC-MS 分析方法同 3.3.3.1 节，GC 分析条件同 3.3.3.2 节。

4.3.5.2　[1]H 和[13]C 液相核磁

^{1}H-NMR 分析和[13]C-NMR 分析由 Bruker DPX-30（Bruker 公司，美国）进行检测，TMS 为内标，$CDCl_3$ 作溶剂。

4.3.6　燃料性能测试

同 2.4 节燃料性能测试评价。

4.3.7　DFT 计算方法

本书中计算都在 Gaussian09 程序包中执行，使用密度泛函理论（DFT）计算进行机理研究。所有反应物、中间体及产物的优化结构均使用 B3LYP/6-31G（d）基组来进行计算，频率计算与优化均在同一水平下执行，确定优化完的结构为热力学上的稳定结构（没有虚频），得到该分子的零点校正能。

4.4 结果与讨论

4.4.1 β-蒎烯氧化制备诺蒎酮

按照 4.3.1 节方法进行实验，得到的产物为无色的油状液体（诺蒎酮）。β-蒎烯制备诺蒎酮的反应路径如图 4-1 所示。其氧化反应的原理为：首先 β-蒎烯被高锰酸钾氧化生成邻二醇，进一步氧化断键生成酮。根据气相色谱峰面积计算反应转化率和产物的选择性，β-蒎烯的转化率达 99.2%，诺蒎酮选择性高达 91.5%。

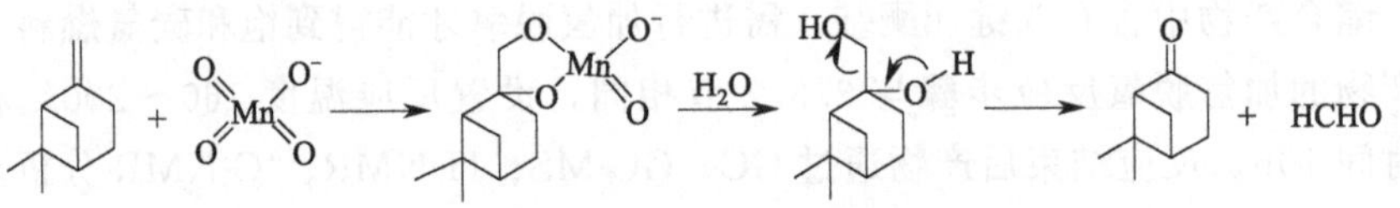

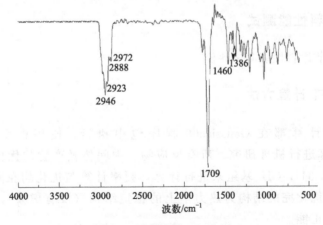

图 4-1 β-蒎烯制备诺蒎酮的反应路径

采用 GC-MS、FT-IR、^{1}H-NMR 和 ^{13}C-NMR 对产物结构进一步分析。GC-MS 数据显示，诺蒎酮的分子离子峰 $[M]^+$ 为 138.1，同时测试谱图与标准谱图的匹配度达 98%，得出诺蒎酮的分子量为 138.1。产物的 FT-IR 谱图如图 4-2 所示。由图可知，2946cm^{-1}、2923cm^{-1}、2888cm^{-1}、2872cm^{-1} 为烷烃 C—H 键伸缩振动峰，1709cm^{-1} 为 C＝O 的伸缩振动峰，1460cm^{-1} 和 1386cm^{-1} 为烷烃 C—H 键面外弯曲振动峰。根据红外数据初步证明了诺蒎酮的生成。在产物 ^{13}C-NMR 谱图中，化学位移 δ215.03 处可归因于酮羰基 C＝

图 4-2 诺蒎酮的 FT-IR 图

O 的 C 原子，其他化学位移归因于蒎烷骨架的 C 原子；在 ^{1}H-NMR 谱图中，$\delta 2.47 \sim \delta 2.57$ 处的化学位移归因于酮羰基 C＝O 的 α 位的 H 原子，其他化学位移归因于蒎烷骨架其他 H 原子，与已报道的诺蒎酮的表征数据相符。综合分析可知，已成功合成诺蒎酮。

4.4.2　液体碱催化诺蒎酮与己醛 Aldol 缩合反应

按照 4.3.2 节方法进行实验，产物通过 GC-MS 分析发现诺蒎酮和己醛缩合反应的主产物分子离子峰的质荷比为 220，表明主产物的分子量为 220，与交叉缩合的目标产物分子量一致。说明在碱催化作用下，诺蒎酮和己醛主要发生交叉缩合反应，并检测到少量的己醛自缩合产物，未检测到诺蒎酮的自缩合产物，可能是由于存在空间效应和位阻效应。诺蒎酮位阻大，很难自身缩合，而己醛的位阻较小，反应性高于诺蒎酮，己醛之间会自身缩合一小部分。己醛的 $C_2 \sim C_3$ 位置可自由旋转来抵消一部分位阻。酮羰基碳的电子云密度大，带的正电荷小，醛反之。诺蒎酮与己醛的反应路线，如图 4-3 所示。

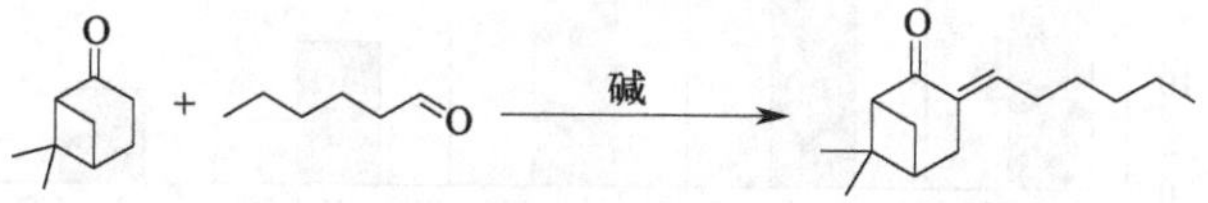

图 4-3　诺蒎酮与己醛发生羟醛缩合示意图

将制备的产物进行分离纯化，然后对纯化产物进行 ^{1}H-NMR 和 ^{13}C-NMR 谱分析，其谱图及核磁数据见附录。在产物 ^{13}C NMR 谱图中，$\delta 203.10$ 处的化学位移归属于酮羰基 C＝O 碳原子，$\delta 140.60$ 和 $\delta 132.92$ 为双键碳的化学位移，共轭效应使羰基向高场移动，其他化学位移为蒎烷骨架和不饱和链状烃的其他碳原子；在产物 ^{1}H-NMR 谱图中，$\delta 6.91 \sim \delta 6.83$ 处的化学位移归属于双键碳上的 H 原子，其他化学位移归属于蒎烷骨架和不饱和链状烃其他氢原子。经 SciFinder Scholar 网络检索，该化合物为未见文献报道的新化合物，命名（E）-3-亚己基-6，6-二甲基双环[3.1.1]庚烷-2-酮。

4.4.2.1　优化反应条件

在 $n_{己醛} : n_{诺蒎酮} = 1.2 : 1$，催化剂浓度 1mol/L，催化剂用量为 4mL，反应温度 40℃，反应时间 60min 的条件下进行羟醛缩合反应，考察催化剂种类对缩合反应的影响。结果如图 4-4 所示。由图可知，在此缩合反应中，不同种类的催化剂表现出不同的催化活性，具体为：KOH＞NaOH＞LiOH＞K_2CO_3＞Na_2CO_3。相同摩尔浓度时，溶液的碱性顺序为 KOH＞NaOH＞LiOH＞

$K_2CO_3 > Na_2CO_3$，说明催化活性与碱性紧密相关。其中，KOH 作为催化剂时，缩合反应的转化率和目标产物的选择性最高，分别达到 70.1% 和 83.9%，NaOH 和 LiOH 次之，而 K_2CO_3 和 Na_2CO_3 对该反应的转化率及目标产物选择性均较低。通过对比这 5 种催化剂得出，KOH 表现出较高的催化活性，具有转化率高、反应速率快、选择性好等优点。

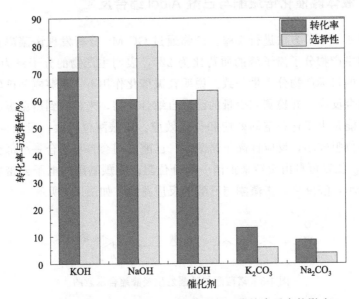

图 4-4　不同液体碱催化剂对诺蒎酮与己醛缩合反应的影响

　　以 KOH 为催化剂，其他条件同上，考察 KOH 浓度（0.25mol/L、0.50mol/L、0.75mol/L、1.00mol/L、1.25mol/L）对缩合反应的影响，结果如图 4-5 所示。由图可知，诺蒎酮与己醛的缩合反应与 KOH 浓度有关。随着 KOH 浓度的增加，诺蒎酮的转化率逐渐增加，是因为催化剂浓度增加，碱性增强，催化活性提高，能够加快反应速率。当 KOH 浓度增加到 0.75mol/L 时，转化率及产物的选择性达到最大；随着催化剂 KOH 浓度继续增加，其转化率稍有所提高，但选择性降低，可能是因为催化剂浓度过高时，副反应增加，导致目标产物得率降低。因此，KOH 浓度以 0.75mol/L 为宜。

　　反应温度是影响反应速率的关键因素。在 $n_{己醛} : n_{诺蒎酮} = 1.2 : 1$，KOH 浓度与用量分别为 0.75mol/L 和 4mL，反应时间 60min 条件下考察反应温度（20～80℃）对缩合反应的影响，如图 4-6 所示。由图可知，反应温度对羟醛缩合反应的进行存在明显的影响。当反应温度较低（≤60℃）时，原料转化率及产物的选择性随着温度的升高而增加，是由于随着反应温度的升高，反应速

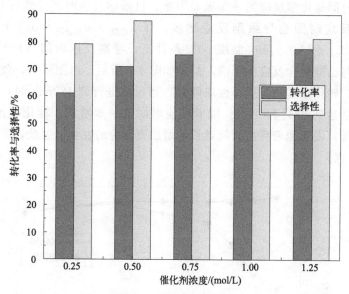

图 4-5　催化剂浓度对诺蒎酮与己醛缩合反应的影响

率加快，转化率增大；在 60℃时达到最大，此时诺蒎酮的转化率达到 82.1％，缩合产物 A 的选择性超过 90％。随着反应温度进一步升高，其转化率和选择性均没有明显的改变。因此该反应最适温度为 60℃。

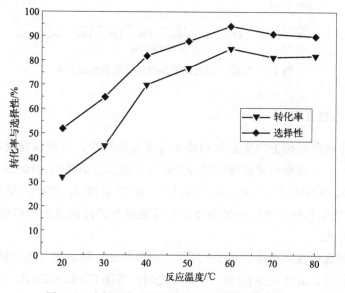

图 4-6　反应温度对诺蒎酮与己醛缩合反应的影响

反应时间是化学反应的一个重要因素。过短的反应时间导致转化率不高，但过长的反应时间会导致副反应增多。在 $n_{己醛}:n_{诺蒎酮}=1.2:1$，KOH（0.75mol/L，4mL），反应温度 60℃条件下，考察反应时间（10～180min）对诺蒎酮与己醛缩合反应的影响，结果如图 4-7 所示。由图可知，随着反应时间的延长，转化率增加，选择性略降低，当反应进行到 120min 时，转化率和选择性分别达到 93% 和 94%；随着反应时间进一步增加，转化率趋于平衡，选择性降低，说明随着反应时间延长，增加副反应的发生。因此，反应时间以 120min 为宜。

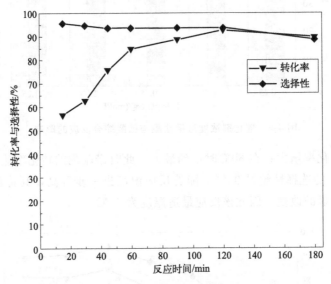

图 4-7　反应时间对诺蒎酮与己醛缩合反应影响

4.4.2.2　底物拓展

为了考察醛结构上的支链对羟醛缩合反应的影响，分别以异戊醛、庚醛、辛醛和十一醛为底物与诺蒎酮进行羟醛缩合反应。在诺蒎酮（10mmol），醛类（12mmol），KOH（0.75mol/L，4mL），反应温度为 60℃，反应时间为 120min 的优化条件下进行羟醛缩合，不同链醛和诺蒎酮发生羟醛缩合路线图如图 4-8 所示。

产物的选择性和得率如表 4-3 所示。由表可知，诺蒎酮与不同链状醛类反应活性均较好，其转化率在 88%～94% 之间，得率 C＞D＞E＞B，醛类活性顺序为：辛醛＞庚醛＞十一醛＞异戊醛，出现该现象的原因可能与分子结构的电子效应和空间效应有关。B、C、D 和 E 结构由 NMR 确定，其 ^{1}H-NMR

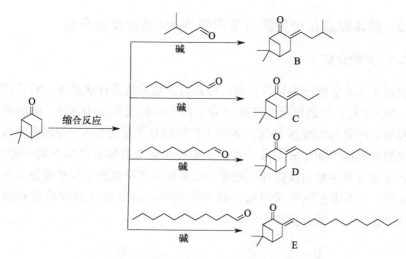

图 4-8　诺蒎酮和不同醛发生羟醛缩合路线图

和 ^{13}C-NMR 谱图及核磁数据见附录。经 SciFinder Scholar 网络检索，该化合物 B、C、D、E 为未见文献报道的新化合物，化合物 B 命名 (E)-6,6-二甲基-3-(3-甲基亚丁基)双环[3.1.1]庚烷-2-酮；化合物 C 命名 (E)-3-亚庚基-6,6-二甲基双环[3.1.1]庚烷-2-酮；化合物 D 命名 (E)-6,6-二甲基-3-亚辛基双环[3.1.1]庚烷-2-酮；化合物 E 命名 (E)-6,6-二甲基-3-十一烷基双环[3.1.1]庚烷-2-酮。

表 4-3　诺蒎酮与不同链醛的 Aldol 缩合反应结果

醛	目标产物		转化率/%	得率/%
	化学式	结构式		
异戊醛	$C_{14}H_{22}O$		88.5	82.6
辛醛	$C_{16}H_{26}O$		93.6	86.8
庚醛	$C_{17}H_{28}O$		91.8	85.2
十一醛	$C_{20}H_{34}O$		90.3	84.6

4.4.3 固体碱催化诺蒎酮与苯甲醛 Aldol 缩合反应分析

4.4.3.1 产物分析

按照 4.3.3 节的方法进行实验，得到的产物为黄色针状晶体，对其产物进行 GC-MS 分析，数据显示主产物的分子离子峰的质荷比为 226，同时测试谱图与标准谱图的匹配度达 98%，表明主产物的分子量为 226，与诺蒎酮与苯甲醛交叉缩合目标产物的分子量一致，并未检测到苯甲醛自身缩合的产物存在，说明诺蒎酮与苯甲醛的反应性比较好。诺蒎酮与苯甲醛发生羟醛缩合示意图如图 4-9 所示，即诺蒎酮和苯甲醛在碱的作用下，由于存在空间效应和位阻效应，主要发生交叉缩合反应。

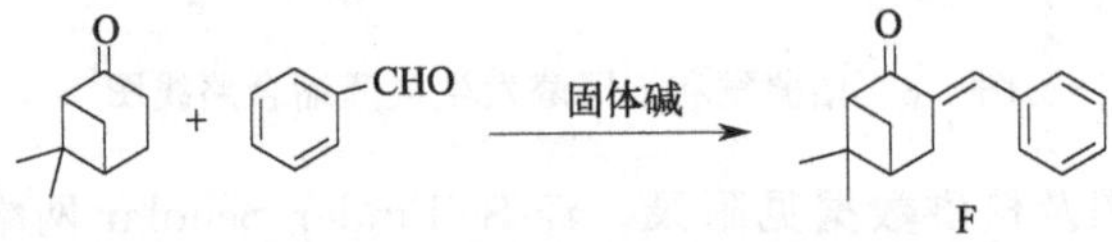

图 4-9 诺蒎酮与苯甲醛发生羟醛缩合示意图

将制备的产物采用[1]HNMR 和[13]C-NMR 谱对结构进行鉴定，谱图及核磁数据见附录。在[13]C-NMR 谱图中，$\delta 203.89$ 处的化学位移归属于酮羰基 C＝O 碳原子，$\delta 128.73 \sim \delta 132.77$ 的化学位移归属于苯环上的碳原子，$\delta 135.90$ 和 $\delta 135.82$ 为双键碳的化学位移，由于共轭效应使羰基向高场移动，其他化学位移属于蒎烷骨架的碳原子。在产物[1]H-NMR 谱图中，$\delta 7.42 \sim \delta 7.70$ 处的化学位移归属于苯环上的氢原子，$\delta 7.36$ 化学位移归属于双键碳上的氢原子，其他化学位移属于蒎烷骨架其他氢原子，以上数据与文献报道对照基本一致。综合以上数据可知成功合成(E)-3-苯亚甲基-6,6-二甲基双环[3.1.1]庚烷-2-酮。

4.4.3.2 条件优化

首先考察了在无溶剂反应体系中固体碱催化剂种类对诺蒎酮与苯甲醛羟醛缩合反应的影响。主要涉及的固体碱催化剂有 MgO、SrO、CaO、BaO 和 La_2O_3。在 $n_{诺蒎酮} : n_{苯甲醛} = 1 : 1$，催化剂用量 0.2g，恒温 140℃反应 4h 的条件下进行反应。反应结束后，将耐压管冷却至室温，以 20mL 乙酸乙酯对反应液进行稀释，将该有机溶液过滤膜，然后用 GC/GC-MS 对产物进行定量和定性分析，结果如图 4-10 所示。

由图可知，以 La_2O_3、SrO 作为固体碱催化剂，诺蒎酮的转化率低于 15.0%，表明催化活性相对较低，可能是因为碱性太弱，无法使诺蒎酮活化为缩合反应需要

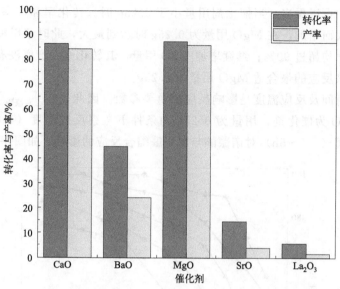

图 4-10　不同固体碱催化剂对诺蒎酮与苯甲醛缩合反应的影响

的碳负离子；而 MgO、CaO 显示出较好的催化活性，其中以 MgO 活性最高。在该反应条件下，苯甲醛转化率和目标产物产率分别为 87.4% 和 86.1%。不同催化剂的活性顺序为 MgO＞CaO＞BaO＞SrO＞La₂O₃。

催化剂用量是影响反应的一个重要参数，合适的催化剂用量对反应进行具有良好的促进作用。在 $n_{诺蒎酮}$ ：$n_{苯甲醛}$ ＝1：1，恒温 140℃反应 4h 的条件下考察 MgO 催化剂用量对反应的影响，结果见图 4-11。

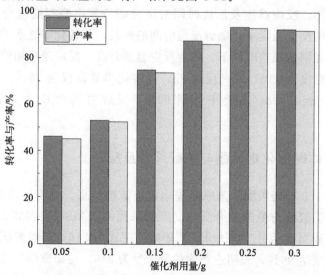

图 4-11　MgO 用量对诺蒎酮与苯甲醛缩合反应的影响

从图中可以看出，当催化剂用量小于 0.25g 时，转化率和产率随着 MgO 用量的增大而增加，在 MgO 用量为 0.25g 时达到最大，此时苯甲醛的转化率及产物产率均超过 90%；继续增加 MgO 用量，其转化率和产率没有明显的变化，因此该反应的最合适 MgO 用量为 0.25g。

反应时间及反应温度是影响反应的重要参数。因此，在 $n_{诺蒎酮}：n_{苯甲醛}=1：1$，MgO 为催化剂，用量为 0.25g 的条件下考察反应温度（110~150℃）及反应时间（0.5~6h）对诺蒎酮与苯甲醛缩合反应的影响，如图 4-12 所示。

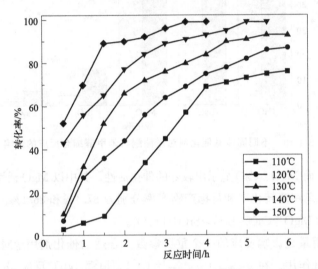

图 4-12　反应时间和反应温度对诺蒎酮与苯甲醛缩合反应的影响

由图可知，反应温度及反应时间对诺蒎酮与苯甲醛羟醛缩合反应影响较大。在相同的反应温度下，随着反应时间的延长，其转化率逐渐增加，最后趋于平缓。在相同的反应时间下，随着反应温度升高，反应速率加快，转化率增加。当反应温度为 110℃ 时，反应 6h，其转化率最高仅为 76%；当温度升高到 150℃ 时，反应 2h，转化率达到 90%，反应时间延长至 3h，转化率达到 96%。

4.4.4　固体碱催化诺蒎酮与糠醛缩合反应

结合 4.3.3 节诺蒎酮和苯甲醛催化剂的筛选结果，选择活性最好的 MgO 固体碱催化诺蒎酮与糠醛缩合反应。产物采用 GC/MS、^{1}H-NMR 和 ^{13}C-NMR 进行分析。数据显示主产物的分子离子峰质荷比为 216，同时表征谱图与标准谱图的匹配度达 96%，表明主产物的分子量为 216，与诺蒎酮与糠醛交叉缩合目标产物的分子量一致，未检测到糠醛自身缩合的产物存在，说明诺蒎酮与糠醛的反应性比较好。诺蒎酮与糠醛发生羟醛缩合示意图如图 4-13 所示，即诺蒎酮和糠醛在碱的作用下，主要发生交叉缩合反应。

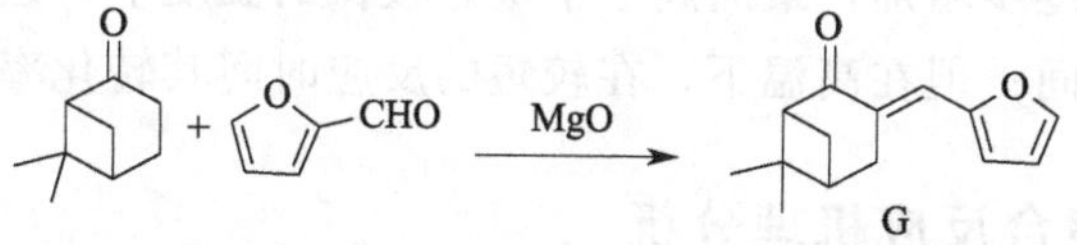

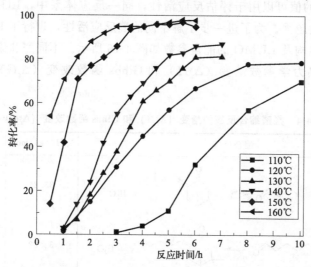

图 4-13　诺蒎酮与糠醛发生羟醛缩合示意图

在 ^{13}C-NMR 谱图（见附录）中，δ203.24 处的化学位移归属于酮羰基 C＝O 碳原子，δ144.75 和 δ122.56 为双键碳的化学位移，由于共轭效应使羰基向高场移动，δ152.66、δ130.02、δ115.63、δ112.48 为呋喃环上碳原子的化学位移；其他化学位移属于蒎烷骨架的碳原子。在产物 ^{1}H-NMR 谱图中，δ6.52～δ7.60 处的化学位移归属于双键上的 H 原子和呋喃环上的 H 原子，其他化学位移归属于蒎烷骨架其他 H 原子。以上数据与文献报道基本一致。综合以上数据可知成功合成(E)-3-(呋喃-2-亚甲基)-6,6-二甲基双环[3.1.1]庚烷-2-酮（结构 G）。

在 $n_{诺蒎酮}$：$n_{糠醛}$ =1：1，MgO 为催化剂，用量为 0.25g 的条件下，考察反应温度（110～160℃）及反应时间（0.5～10h）对诺蒎酮与糠醛缩合反应的影响，如图 4-14 所示。由图可知，反应温度对诺蒎酮与糠醛缩合反应的影响较大。随着温度升高，反应速率加快，转化率增大较明显。当反应温度为 110℃时，反应 10h 转化率仅为 70%，当温度升高到 130℃时，其转化率最高

图 4-14　反应时间和反应温度对诺蒎酮与糠醛缩合反应的影响

达到 81.5％，随着反应温度的进一步升高到 160℃，反应 3h，其转化率达到 95％。说明升高温度有利于羟醛反应的进行。在相同的温度下，转化率随着反应时间的延长而逐步增加，最后趋于平缓。较低的温度下，达到转化率增速平缓需要较长的时间；但在高温下，在较短的反应时间其转化率趋于平缓。

4.4.5　羟醛缩合反应机理分析

诺蒎酮与醛缩合反应路径如图 4-15 所示。在碱性条件下，羰基的 α-C 的氢离去形成碳负离子，醛上的氧电负性很强导致了相连的碳电负性很弱，带了部分的正电荷，因此活化的 α-C 极易进攻带正电的羰基碳，然后形成了含有羰基和醇的化合物，由于形成的醇极其不稳定会进行分子内脱水，得到 α,β-不饱和羰基化合物。

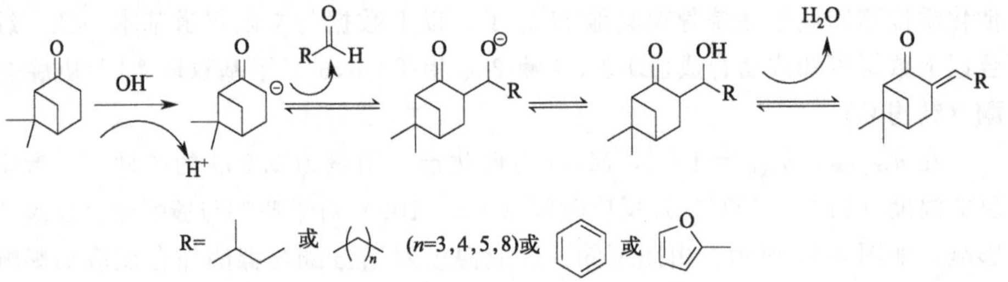

图 4-15　诺蒎酮与不同醛缩合反应路径

LUMO 的值可以用于评估反应活性，同一反应体系中，LUMO 值越低，反应活性也就越强。为了进一步了解不同的醛反应活性，进行了 DFT 的计算，其醛的优化结构及 LUMO 的能量参数如图 4-16 所示。不同醛和诺蒎酮的羟醛缩合反应的热力学参数焓变（$\Delta_r H$）和 Gibbs 函数改变（$\Delta_r G$）值如表 4-4 所示。

表 4-4　羟醛缩合反应的焓变（$\Delta_r H$）和 Gibbs 函数改变（$\Delta_r G$）值

缩合反应	$\Delta_r H/(\text{kJ/mol})$	$\Delta_r G/(\text{kJ/mol})$
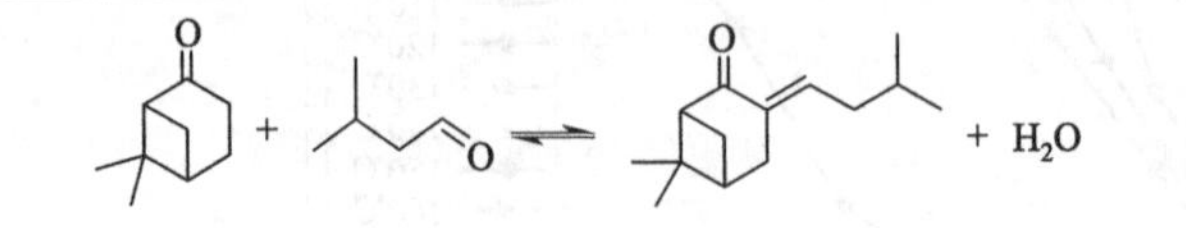	33.84	40.70
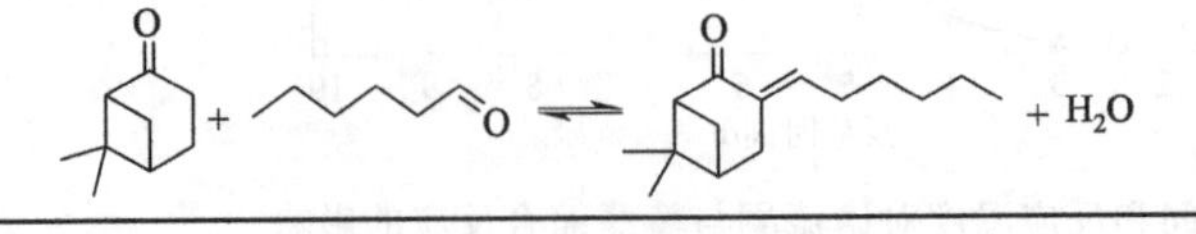	33.82	35.05

续表

缩合反应	$\Delta_r H/(\text{kJ/mol})$	$\Delta_r G/(\text{kJ/mol})$
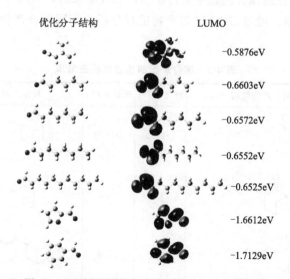	33.81	34.74
	33.83	33.86
	33.86	36.79
	15.61	22.14
	19.41	−54.70

优化分子结构　　　　　　　LUMO

−0.5876eV

−0.6603eV

−0.6572eV

−0.6552eV

−0.6525eV

−1.6612eV

−1.7129eV

图 4-16　不同醛的优化分子结构及 LUMO 参数

　　诺蒎酮与不同醛的缩合反应活性比较，根据图 4-16 可知，芳香醛的 LUMO 值小于链醛，说明芳香醛的活性高于链醛，而不同的链醛 LUMO 值也有微量的差异，LUMO 值相对大小为：己醛＜辛醛＜庚醛＜十一醛＜异戊醛，活性相反，也就是随着直链的碳原子数目增加，反应活性略有降低，异戊醛因带支链反应活性最低，可能是由于空间位阻的影响，与实验结果相符合。

由表 4-4 所示，不同醛和诺蒎酮的羟醛缩合反应的焓变 $\Delta_r H$ 均大于 0，说明诺蒎酮与醛的缩合反应是吸热反应。诺蒎酮与苯甲醛缩合反应 Gibbs 函数改变（$\Delta_r G$）<0，说明该反应较容易进行。为了比较苯甲醛与其他链醛的活性，以 KOH 为催化剂，在常温下反应 1h，其转化率达到 80%，选择性达到 90.5%，均大于链醛。其余反应的 Gibbs 函数改变（$\Delta_r G$）数值均>0，从热力学角度来看，不利于反应的发生。但由于 $\Delta_r G$ 均小于 48.0kJ/mol，故需要反应在外界环境提供能量或反应条件改变时会发生反应。

4.4.6　缩合产物加氢脱氧反应及机理分析

羟醛缩合所得前驱体含有醛基和不饱和键，需要对缩合产物进行加氢脱氧以提高燃料热值和密度，使燃料的性能更加优越。一般采用 Pd/C 和沸石分子筛作为催化剂对产物进行加氢脱氧。Pd/C 催化剂上的金属位主要用于化合物加氢，而沸石分子筛促进化合物的快速脱氧。以商业的 Pd/C 和酸性分子筛 Hβ 为催化剂，在高压反应釜中进行反应，反应结束后，将反应釜放入冰水浴，迅速冷却至室温。通过 GC-MS 对产物进行分析，不同缩合产物加氢脱氧性能如表 4-5 所示。

表 4-5　缩合产物加氢脱氧反应结果

化合物	缩合产物结构	转化率/%	脱氧率/%	目标产物选择性/%
A		>99.9	>99.9	86.2
B		99.0	96.6	79.4
C		99.2	97.6	78.9
D		96.2	93.4	80.6

续表

化合物	缩合产物结构	转化率/%	脱氧率/%	目标产物选择性/%	
E		95.4	90.2	80.7	
F		>99.9	>99.9	F_{14}(76.6)	F_{23}(10.7)
G		>99.9	>99.9	G_{15}(78.8)	G_{24}(8.9)

注：反应条件为 0.2gPd/C+1.0g Hβ 催化剂，2g 缩合产物，20mL 环己烷，180℃，4MPa，10h，700r/min。

由表 4-5 可以看出，缩合产物在 Pd/C 和 Hβ 共同催化下，具有较好的加氢脱氧性能，其转化率均超过 95%，脱氧率均超过 90%。但不同醛和诺蒎酮的缩合产物的加氢脱氧性能也有一定区别，化合物 A（诺蒎酮＋己醛）、化合物 G（诺蒎酮＋糠醛）和化合物 F（诺蒎酮＋苯甲醛）3 种缩合产物在反应温度为 180℃ 和反应压力 4MPa 的条件下反应 10h，其转化率和脱氧率均大于 99.9%，几乎完全转化。其次是化合物 B 和化合物 C，其转化率分别为 99.0%、99.2%，脱氧率分别为 96.6%、97.6%。效果最差的是化合物 E（诺蒎酮＋十一醛），转化率和脱氧率分别为 95.4% 和 90.2%，可能是因为支链太长，位阻太大。5 种链醛与诺蒎酮缩合产物的加氢脱氧目标产物的选择性均大于 78%。化合物 G 和化合物 F 加氢脱氧主要产物有 2 种，其中以未成环的产物 G_{15} 和 F_{14} 的选择性较高，新成环结构选择性较低。通过 GC-MS 发现不同缩合产物加氢脱氧产物中均存在部分蒎烯的四环结构断裂的产物，可能是在较高的温度及催化剂的作用下发生了开环反应。

为了进一步弄清楚几种缩合产物的加氢脱氧活性，通过 LUMO-HOMO 能量差的方法评估反应活性，同一反应体系中，能量差越小，反应活性越强。因此我们采用 DFT 计算，从 HOMO 和 LUMO 的角度分析缩合产物发生加氢脱氧反应物的可行性，初步判断哪一种羟醛产物更容易发生加氢脱氧反应，不同醛与诺蒎酮的缩合产物优化分子结构及 HOMO、LUMO 图如图 4-17 所示，相应的参数如表 4-6 所示。

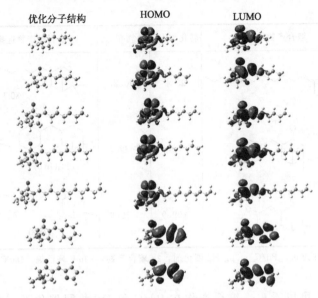

图 4-17　不同缩合产物的优化分子结构及 HOMO、LUMO 轨道

表 4-6　缩合产物 LUMO 和 HOMO 轨道能量差

化合物	缩合产物结构	E_{HOMO}/eV	E_{LUMO}/eV	$\Delta E_{LUMO-HOMO}/eV$
A		−6.2852	−1.0998	5.1854
B		−6.2694	−1.0773	5.1921
C		−6.2684	−1.0763	5.1921
D		−6.2681	−1.0756	5.1925
E		−6.3187	−0.4702	5.8485
F		−6.1178	−1.70301	4.4147
G		−5.7527	−1.6686	4.0841

　　从表 4-6 可以看出，化合物 G（诺蒎酮与糠醛的缩合产物）的 LUMO-HOMO 轨道能量差值最小，表明了化合物 G 活性更高，更容易进行加氢脱氧，其次是化合物 F，活性最低的是化合物 E（诺蒎酮与十一醛的缩合产物），其顺序为：G＞F＞A＞B≈C＞D＞E。结合实验推测了反应路径，图 4-18、图 4-19 和图 4-20 分别展示了缩合产物 A、G 和 F 的加氢脱氧的基本路线图。

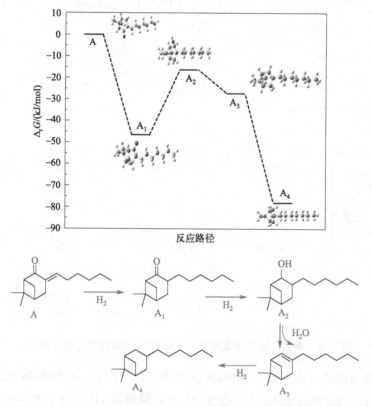

图 4-18　缩合产物 A 加氢脱氧反应的 DFT 计算能量图及反应路径

　　通过 DFT 计算己醛与诺蒎酮交叉缩合产物（化合物 A）的加氢脱氧路径能量变化，如图 4-18 所示。首先化合物 A 的 C═C 键先结合 2H 形成了饱和的 C—C 键（A_1，-46.49kJ/mol），然后 C═O 键结合了 2H 形成了 C—OH（A_2，-16.15kJ/mol）。然后 A_2 进行分子内脱水形成了不饱和双键（A_3，-27.18kJ/mol）。最后双键被还原成饱和的 C—C 键（A_4，-78kJ/mol）。总的吉布斯自由能改变值 $\Delta_r G < 0$（-78kJ/mol），表明了该反应较容易发生。

　　同理采用 DFT 计算化合物 G（糠醛与诺蒎酮交叉缩合产物）加氢脱氧反

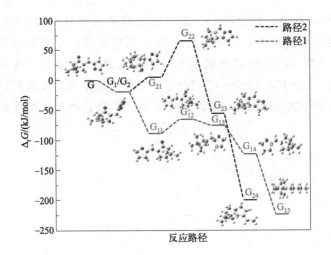

图 4-19　缩合产物 G 加氢脱氧反应的 DFT 计算能量及反应路径图

应过程能量改变（图 4-19）。第一条反应路径，G 的 C＝C 键得到 2H 形成了
G_1/G_2（−19.06kJ/mol），G_1 的两个 C＝C 键得到 4H 形成了饱和的 C—C 键
（G_{11}，−88.66kJ/mol），G_{11} 的 C＝O 键与 2H 反应形成 C—OH（G_{12}，
−64.66kJ/mol），G_{12} 分子内脱水形成了 C＝C 键（G_{13}，−75kJ/mol）。G_{13}
的 C＝C 键结合 2H 形成 C—C 键（G_{14}，−123.0kJ/mol），最后 C—O—C 键
断裂形成了 G_{15}（−223.7kJ/mol）；第二条反应路径，化合物 G 的—C＝C—
键得到 2H 生成 G_2 含有—CH_2CH_2—（−19.1kJ/mol）。G_1 的 C＝O 键得到
2H 形成 C—OH（G_{21}，5.0kJ/mol）。G_{21} 在分子内脱水形成了稳定的五元环
（G_{22}，65.6kJ/mol）。G_{22} 呋喃环得到 4H 形成 G_{23}（−55.4kJ/mol），G_{23} 醚
键断裂形成 G_{24}（−199.9kJ/mol）。从结果可以明显地发现第一条反应路径更

容易发生，与实验结果吻合。

化合物 F（苯甲醛与诺蒎酮交叉缩合产物）加氢脱氧反应的 DFT 计算能量图及反应路径如图 4-20 所示。由图可知，化合物 F 加氢脱氧路径有 2 条反应路径。第一条反应路径，F 的 C=C 键结合 2H 形成 F_1（−42.32kJ/mol）。F_1 的芳香环得到 6H（F_{11}，−112.2kJ/mol）形成 F11 的结构，F_{11} 的酮基（C=O）与 2H 结合形成了醇（F_{12}，−81.48kJ/mol）。F_{12} 分子内脱水形成了不饱和的双键（F_{13}，−92.81kJ/mol），最后双键被还原成饱和的 C—C 键（F_{14}，−137.69kJ/mol）。第二条反应路径，首先 F_2 的 C=O 中氧电负性较大，C=O 中的碳显正电荷，H_2 进攻该位置形成 C—OH（F_{21}，−18.69kJ/mol），然后 F_{21} 在分子内脱水形成了稳定的五元环（F_{22}，−63.65kJ/mol）。最后芳环结合了 6H 形成了饱和的环烷烃（F_{23}，−61.14kJ/mol）。从计算的结果可以明显地发现第一条反应路径更容易发生。

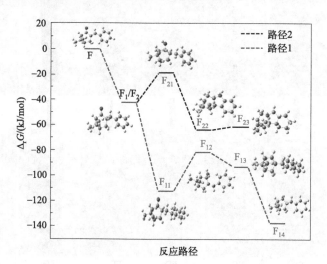

图 4-20   缩合产物 F 加氢脱氧反应的 DFT 计算能量及反应路径图

4.4.7 燃料性能评价

为了使缩合产物完全转变成烷烃类化合物，以 Pd/C 和酸性分子筛 Hβ 为催化剂，在反应温度 200℃和 H_2 压力为 4MPa 的条件下反应 10h，其加氢脱氧产物的 ^{1}H-NMR 和 ^{13}C-NMR 见附录。经减压蒸馏除去小分子得到产物，其缩合产物及加氢脱氧对应的燃料的实物图如图 4-21 所示。由图可知，缩合产物 G（诺蒎酮＋糠醛）颜色较深，而 F（诺蒎酮＋苯甲醛）为浅黄色针状晶体。通过加氢脱氧后，除了 E 和 G 的加氢脱氧产物颜色较深，其余燃料的颜色均为浅黄色或无色。

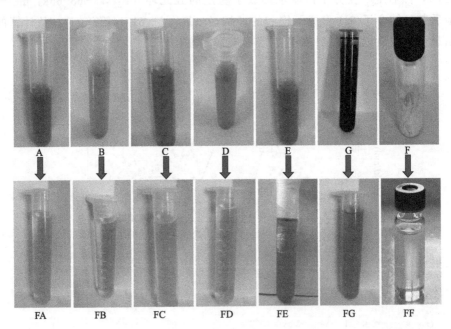

图 4-21　缩合产物及加氢脱氧后燃料实物图

表 4-7 总结了不同燃料的密度、热值、冰点和黏度等相关性能。由表可知，诺蒎酮与不同醛合成的燃料具有高密度、高热值、低温性能较好等性能。其密度均大于 $0.86g/cm^3$，高于传统的石油基航空燃料 RP-3 密度（$0.78g/cm^3$）；热值分布在 $45.18 \sim 46.81MJ/kg$ 之间，高于 RP-3 热值（42.887MJ/kg）。从表中还可以看到，燃料的密度随着支链碳数（FB～FE）的增加而增加，但变化不明显，但是冰点和黏度则相反。诺蒎酮与芳香醛合成的燃料（FG 和 FF）的密度高于诺蒎酮与链醛合成的燃料。其中，以苯甲醛与诺蒎酮为底物反应所得燃料（FF）的密

度最高，达到 0.916g/cm³，略低于美国商业化的 JP-10 燃料的密度（0.93g/cm³），但燃料热值（46.81MJ/kg）比 JP-10 热值（43.0MJ·kg）高。

表 4-7　诺蒎酮与不同醛合成的燃料性能

燃料	主成分	性能			
		密度（20℃）/(g/cm³)	热值/(MJ/kg)	冰点/℃	黏度（0℃）/(mm²/s)
FB		0.864	46.67	−65.1	9.09
FA		0.868	46.41	−62.5	14.77
FC		0.872	45.42	−42.7	19.35
FD		0.874	45.73	−34.4	19.93
FE		0.878	45.45	−22.8	47.01
FG		0.891	45.18	−35.3	25.83
FF		0.916	46.81	−64.1	27.88

不同燃料的黏度随温度的变化如图 4-22 所示。由图可知，燃料的黏度随

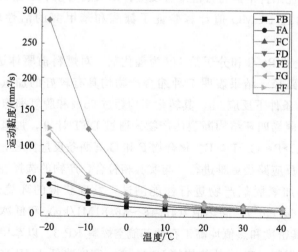

图 4-22　黏度随温度的变化关系

着温度的升高，其黏度变小；不同燃料在相同的温度下，运动黏度也有所差异，黏度最高的是 FE（诺蒎酮与十一醛），在 -20℃时，其低温黏度达到 $285mm^2/s$。总体而言，通过羟醛缩合反应构建的燃料性能优异，能保持很好的流动性质，适于作为高密度燃料或添加剂。

4.5 小结

本章利用 β-蒎烯为原料，氧化得到诺蒎酮，再采用碱催化诺蒎酮与不同醛发生羟醛缩合反应构建多环化合物的前驱体，最后通过加氢脱氧制备高密度燃料，得到以下结论：

① 以液体碱催化诺蒎酮和链醛进行羟醛缩合反应，生成燃料前驱体。以己醛为例探讨了反应条件，以 0.75mol/L KOH 溶液催化性能最佳，在$n_{己醛}$：$n_{诺蒎酮}=1.2:1$，60℃条件下反应 2h，诺蒎酮的转化率和缩合产物选择性分别达到 93％和 94％。在最优条件下进行底物扩展，发现诺蒎酮和几种链醛反应活性均较好，其转化率在 88％～94％之间，获得 5 种缩合产物均为文献未报道的新化合物，通过 DFT 计算验证了醛的活性顺序为：己醛＞辛醛＞庚醛＞十一醛＞异戊醛，与实验结果相符合。

② 以固体碱催化诺蒎酮和苯甲醛/糠醛进行羟醛缩合反应，生成燃料前驱体，MgO 表现出较好的催化活性。通过优化反应条件得出在 $n_{诺蒎酮}:n_{苯甲醛}=1:1$，MgO 用量 0.25g，150℃反应 3.0h 条件下其转化率可达 96％。以诺蒎酮为底物与糠醛在最优条件下进行羟醛缩合反应，结果表明在 160℃反应 3h，转化率达到 95％。通过 LUMO 值计算验证了糠醛和苯甲醛的活性较高，均高于链醛。

③ 以商业的 Pt/C 和分子筛 Hβ 为催化剂，对燃料前驱体进行加氢脱氧，并推测了反应路径。结果表明 7 种缩合产物均具有较好的加氢脱氧性能，在 180℃、4MPa 条件下反应 6h，其转化率均超过 95％和脱氧率均超过 90％，产物中存在部分蒎烯四环结构断裂的产物。通过 DFT 计算，加氢脱氧活性顺序为：G＞F＞A＞B≈C＞D＞E。化合物 F 和 G 有两条反应路径，其中，形成新的五环结构的反应路径更难进行，与实验相符合，产物的选择性低。

④对所得加氢脱氧产物进行性能测试，发现获得的环烷烃具有高密度（0.864～0.916g/cm^3）、高热值（45.18～46.81MJ/kg）和低冰点（-22.8～-65.1℃），其密度和热值均高于石油基航空燃料 RP-3。以苯甲醛与诺蒎酮为底物反应所得燃料（FF）的热值较 JP-10 高，密度略低于 JP-10，燃料的黏度随着温度的升高而减小。

第 5 章

α-蒎烯与环己二酮环加成反应
合成高密度燃料

5.1 引言

松节油中的蒎烯在酸性条件下，易发生异构反应，异构化的产物十分复杂。而在第 4 章所述的碱催化羟醛缩合反应构建高密度燃料的前驱体，虽然蒎烯不异构，产物纯，但得到燃料的步骤多，因此寻求简单、步骤短的方法来合成燃料的前驱体备受关注。环加成反应是指两个共轭体系结合成环状分子的一种双分子反应。通过环加成反应，两个共轭体系分子的端基碳原子彼此头尾相接，形成两个 σ 键，使这两个分子结合成一个较大的环状分子。这也是 C—C 偶联延长碳链的常见方法之一。

本章拟通过 α-蒎烯与环己二酮（1,3-环己二酮或 5,5-二甲基-1,3 环己二酮）的加成反应构建多环含氧化合物，且随后在一定条件下以 Pb/C 和酸性分子筛作为催化剂，催化加氢脱氧反应，得到碳氢燃料。研究了反应条件对反应的影响，并测定了燃料密度、冰点、燃烧热值和黏度等性能。

5.2 材料与试剂

实验所采用的化学试剂及规格见表 5-1。

表 5-1　实验试剂

原料、试剂名称	规格	生产厂商
α-蒎烯	含量 95% 以上	云南林缘香料有限公司

原料、试剂名称	规格	生产厂商
硝酸铈铵	分析纯	国药集团化学试剂有限公司
碳酸氢钠	分析纯	成都市科隆化学品有限公司
无水硫酸钠	分析纯	成都市科隆化学品有限公司
1,3-环己二酮	分析纯	上海阿拉丁生化科技股份有限公司
5,5-二甲基-1,3 环己二酮	分析纯	上海阿拉丁生化科技股份有限公司
乙酸乙酯	分析纯	成都市科隆化学品有限公司
石油醚	分析纯	成都市科隆化学品有限公司
甲醇	分析纯	成都市科隆化学品有限公司
Pd/C	10%Pd	上海阿拉丁生化科技股份有限公司
Hβ	分子筛	天津市南开催化剂有限公司
环己烷	分析纯	成都市科隆化学品有限公司

实验所需要的设备名称、厂家和型号见表 5-2。

表 5-2　实验仪器

仪器名称	型号	生产厂商
精密型电子天平	AR224CN	奥豪斯仪器有限公司
旋转蒸发仪	N-1200B	上海爱朗仪器有限公司
电热恒温鼓风干燥箱	GZX-GF101-3-BS-Ⅱ/H	上海跃进医疗器械有限公司
恒温加热磁力搅拌器	DF-101S	巩义市予华仪器有限责任公司
核磁共振波谱仪	Bruker 500M	德国布鲁克光谱仪器有限公司
真空干燥箱	BPZ-6090Lc	上海一恒科学仪器有限公司
气相色谱仪	7890A	美国安捷伦公司
气相色谱质谱联用仪	ITQ900	赛默飞世尔科技公司
高压反应釜	SLM50	北京世纪森朗实验仪器有限公司
紫外分析仪	ZF-1	杭州齐威仪器有限公司
制冰机	IMS-60	常熟市雪科电器有限公司
电动搅拌器	FY2403000	莱茵兰子汉股份有限公司
热值仪	SHR-15B	南京桑力电子设备厂

5.3　制备方法

5.3.1　加成反应

环加成反应在 100mL 的两口烧瓶中进行。其步骤为依次加入 30mL 甲醇、5mmol α-蒎烯、5mmol 1,3-环己二酮（或 5,5-二甲基-1,3 环己二酮），N_2 保护，置于冰浴下搅拌，接着加入碳酸氢钠（7.5mmol，1.5eq）和硝酸铈铵（7.5mmol，1.5eq），冰浴条件下反应 5～120min，用 TLC 板检测［展开剂：$CHCl_3$∶MeOH＝30∶1（体积比）］。反应结束后，减压浓缩除去甲醇溶剂，采用乙酸乙酯萃取，再减压蒸馏得到粗产品，通过 GC/GC-MS 对产物进行分析。经硅胶柱色谱纯化粗产物得到纯的含氧前驱体，采用^{1}H-NMR 和^{13}C-NMR 对产物结构进行分析。

5.3.2　燃料母体加氢脱氧反应

环加成前驱体中含有醛基、醚键和双键，需要进一步加氢脱氧得到饱和的碳氢燃料。其操作步骤与 3.3.2 节相同，设置反应温度 160～220℃和反应时间 10h。

5.3.3　产物分析

分析方法与 3.3.3 节相同。

5.3.4　燃料性能测试

测试方法与 2.5 节相同。

5.3.5　DFT 计算方法

计算方法与 4.3.7 节相同。

5.4　结果与讨论

5.4.1　加成反应产物分析

α-蒎烯与 1,3-环己二酮/5,5-二甲基-1,3 环己二酮在碱性条件下发生［3＋2］环加成反应，其示意图如图 5-1 所示。通过 GC 和 GC-MS 对反应产物进行分析，产物 GC 图和主要产物 MS 图分别如图 5-2 和图 5-3 所示。GC-MS 数据显示 α-蒎烯与 1,3-环己二酮反应的主产物分子离子峰的质荷比为 246，表明主产物的分子量为 246；α-蒎烯与 5,5-二甲基-1,3 环己二酮反应的主产物分子离子峰的质荷比为 274，表明主产物的分子量为 274，与环加成的目标产物分子量一致。由气相图可知，在碳酸氢钠和硝酸铈铵的作用下，反应性能较好，反应物几乎全部转化为产物。

环加成的产物 M 和 N 的^{1}H-NMR 和^{13}C-NMR 谱图及核磁数据见附录。在 α-蒎烯与 1,3-环己二酮反应产物^{13}C-NMR 谱图中，δ195.70 处的化学位移归属于酮羰基 C＝O 碳原子，δ175.20、δ120.40 为双键碳的化学位移，δ97.43 为连氧蒎烷上的碳原子化学位移，其他化学位移属于蒎烷、六元环和

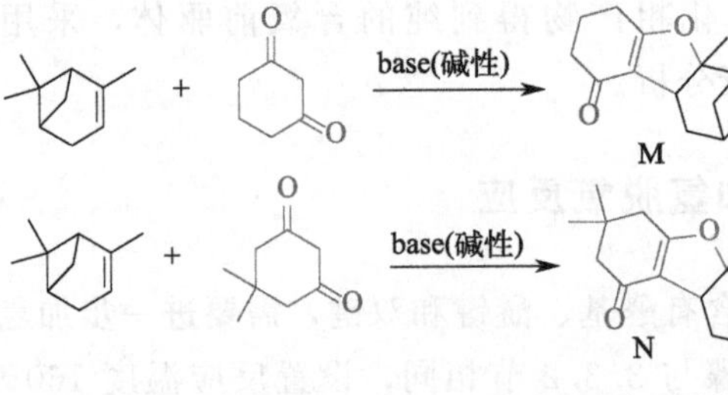

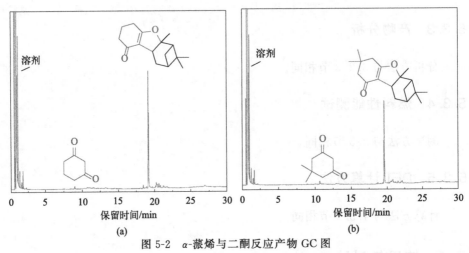

图 5-1　α-蒎烯与二酮发生环加成反应示意图

图 5-2　α-蒎烯与二酮反应产物 GC 图

（a）α-蒎烯与 1,3-环己二酮；（b）α-蒎烯与 5,5-二甲基-1,3 环己二酮

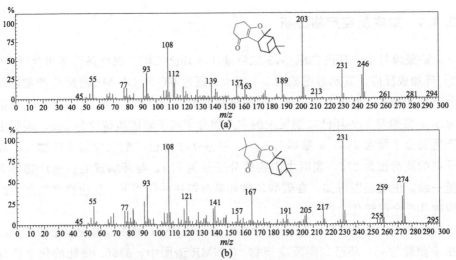

图 5-3　α-蒎烯与二酮反应产物 MS 图

（a）1,3-环己二酮；（b）5,5-二甲基-1,3 环己二酮

五元环骨架的碳原子。^{1}H-NMR 谱图中，$\delta 2.40$ 处的化学位移归因于羰基 C＝
O 的 α 位上的 H 原子，其他化学位移归因于蒎烷、五元环和六元环骨架上的
其他 H 原子。经 SciFinder Scholar 网络检索，该化合物为未见文献报道的新
化合物，确认其产物的结构为化合物 M，命名 3,3,4a-三甲基-2,3,4,4,4a,6,
7,8,9b-八氢-2,4-甲基二苯并［b，d］呋喃-9(1H)-酮。在 α-蒎烯与 5,5-二甲
基-1,3 环己二酮环加成反应产物的[13]C-NMR 谱图中，$\delta 194.91$ 处的化学位移
归属于酮羰基 C＝O 碳原子，$\delta 174.13$、$\delta 118.77$ 为双键碳的化学位移，
$\delta 97.76$ 为连氧蒎烷上的碳原子化学位移，其他化学位移属于蒎烷、六元环和
五元环骨架的碳原子。^{1}H-NMR 谱图中，$\delta 2.25$ 处的化学位移归因于羰基 C＝
O 的 α 位上的 H 原子，其他的化学位移归因于蒎烷、五元环和六元环骨架上
的其他 H 原子。以上结构数据与文献报道对照基本一致，确认其产物的结构
为化合物 N。

5.4.2　反应条件优化

反应时间对环加成反应的影响如图 5-4 所示。由图 5-4(a) 可知，在极短
的反应时间（5min）内其转化率达到 90%，产物的选择性达到 80%，随着反
应时间的延长，其转化率略有增加，而选择性几乎不变。当反应时间达到
20min 时，转化率达到最大为 97%，选择性为 83.3%。图 5-4(b) 的趋势和 5-
4(a) 相似，在 20min 达到最大，其转化率和选择性略低于 α-蒎烯与 1,3-环己
二酮环加成反应。

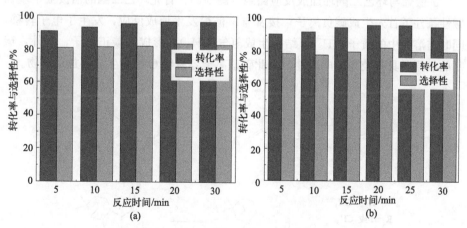

图 5-4　反应时间对环加成反应的影响

(a) 1,3-环己二酮；(b) 5,5-二甲基-1,3 环己二酮

原料配比也是影响反应的主要因素之一。本实验中环己二酮与α-蒎烯的比例有 1.5∶1、1.25∶1、1∶1、1∶1.25、1∶1.5，酮和烯烃的配比对环加成反应的影响如图 5-5 所示。由图可知，反应物的配比对转化率和产物的选择性均有明显影响，转化率呈增长趋势后趋于平衡，选择性先上升后略有下降。其中 1∶1 的转化率和选择性最好，转化率为 98% 左右，选择性为 80% 左右。

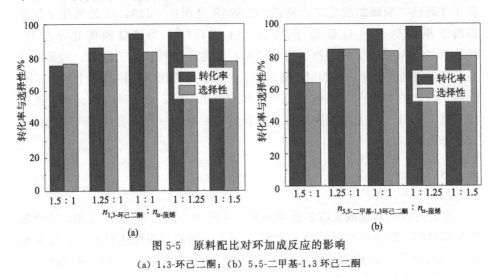

图 5-5 原料配比对环加成反应的影响

（a）1,3-环己二酮；（b）5,5-二甲基-1,3 环己二酮

5.4.3 环加成反应机理分析

α-蒎烯与环己二酮环加成反应路线（图 5-6）：首先环己二酮的活泼亚甲基在碱性条件下首先生成碳负离子，接着与 α-蒎烯发生加成反应，发生了电子转移，同时与溶液中的质子（H^+）结合生成氢气（H_2），形成了碳正离子，另外，羰基的氧原子具有较高的电负性，因此碳正离子容易与 O 结合生成环加成产物。

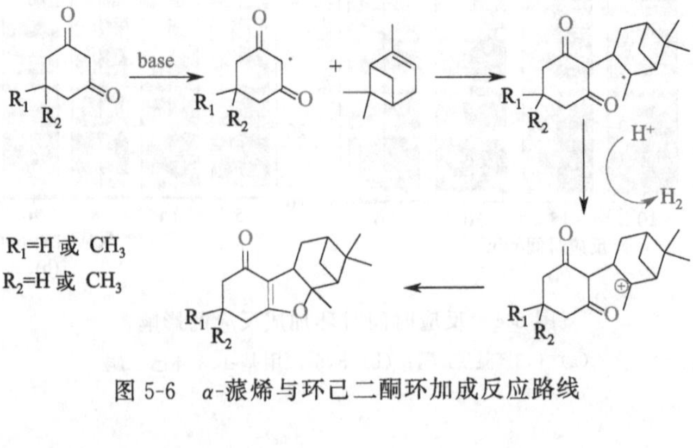

图 5-6 α-蒎烯与环己二酮环加成反应路线

为了进一步了解两种环己二酮与 α-蒎烯的反应活性，利用 DFT 计算 LUMO 来进行验证，两种产物的 LUMO 图如图 5-7 所示。从图中明显发现，1,3-环己二酮的 LUMO 值为 $-1.05eV$，含有两个甲基的二酮的 LUMO 值为 $-0.98eV$，表明少两个甲基的二酮的活性更高，反应性更强，与实验结果吻合。

优化分子结构   LUMO

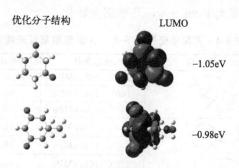

图 5-7   环己二酮的优化分子结构及 LUMO 参数

由表 5-3 可以看出，α-蒎烯和二酮的环加成反应的焓变 $\Delta_r H$ 均大于 0，说明是吸热反应。反应 $\Delta_r G$ 为正值，从热力学角度来看，说明正向反应不能自发进行。但由于 Gibbs 函数改变（$\Delta_r G$）数值均小于 48.0kJ/mol，在外界环境提供能量或反应条件改变时可能会发生反应，故需加热或者添加催化剂才可以进行。

表 5-3   环加成反应的焓变（$\Delta_r H$）和 Gibbs 函数改变（$\Delta_r G$）值

环加成反应	$\Delta_r H$/(kJ/mol)	$\Delta_r G$/(kJ/mol)
M	7.5	37.4
N	11.7	41.9

5.4.4   加氢脱氧反应及机理

环加成反应所获得的前驱体含有酮基、醚键和双键，需要对其进行加氢脱氧获得烷烃提高燃料的性能。同样以商业的 Pd/C 和酸性分子筛 Hβ 为催化剂对环加成产物进行加氢脱氧。不同反应条件下 M 和 N 的加氢脱氧性能如表 5-4 所示。由表可知，随着反应温度的升高，缩合产物的加氢脱氧的转化率及脱氧率均增加；在相同的反应条件（200℃，10h，4MPa）下，缩合产物 M 几乎完全转化，而缩合产物 N 的转化率和脱氧率分别达到 98.3％和 92.6％，可能是因为多带两个甲基的环加成产物位阻较大，导致反应性能降低。继续升高温度，在反应温度为 220℃和 H$_2$ 压力为 4MPa 条件下反应 10h，加成产物 N 的转化率和脱氧率大于 99.9％，几乎完全转化。

表 5-4　不同催化条件下 M、N 加氢脱氧反应结果

化合物	环加成产物结构	反应条件	转化率/%	脱氧率/%
M		160℃,10h,4MPa	95.2	85.2
		180℃,10h,4MPa	98.9	96.8
		200℃,10h,4MPa	>99.9	>99.9
N		180℃,10h,4MPa	92.6	78.9
		200℃,10h,4MPa	98.3	92.6
		220℃,10h,4MPa	>99.9	>99.9

　　为了进一步了解两种环加成产物 M 和 N 加氢脱氧反应的活性，利用 DFT 计算 HOMO 和 LUMO 来进行了验证，两种环加成产物优化分子结构及 HO-MO、LUMO 轨道如图 5-8 所示，轨道能量差相关参数如表 5-5 所示。

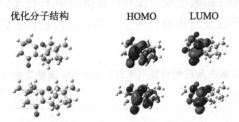

图 5-8　环加成产物优化分子结构及 HOMO、LUMO 轨道

　　从表 5-5 的数值可以看出，产物 M 和 N 的 $\Delta E_{LUMO-HOMO}$ 的值接近，产物 N 略小于 M，也表明了产物 M 和 N 的活性相似，差异较小。为了进一步理解环加成产物 M 和 N 的加氢脱氧反应机理，根据反应中间产物及 DFT 计算提出了加氢脱氧反应路径，如图 5-9 所示。

表 5-5　环加成产物 LUMO 和 HOMO 轨道能量差

化合物	环加成产物结构	E_{HOMO}/eV	E_{LUMO}/eV	$\Delta E_{LUMO-HOMO}$/eV
M		−5.9428	−0.7096	5.2332
N		−5.9274	−0.7074	5.2200

对于化合物 M 的加氢脱氧路径，首先化合物 M 的双键得到 4H 形成了 M_1，M_1 分子内脱水形成了双键（M_2）。然后 M_2 结合 2H 形成了 M_3，最后 C—O—C 键断裂，脱除一分子 H_2O 得到饱和多环烷烃 M_4；化合物 N 的反应路径与 M 相似，首先化合物 N 的 C═C 键结合了 4H 形成了饱和醇（N_1），然后分子内脱水形成不饱和 C═C 键（N_2）。N_2 结合 2H 形成饱和的醚键（N_3），最后 C—O—C 醚断裂以 H_2O 的形式去除形成了稳定的饱和烷烃（N_4）。由图可知，M 和 N 加氢脱氧路径的最高能垒分别是 163.41kJ/mol 和 169.48kJ/mol，且由 M 生成 M_4 吉布斯自由能变化 ΔG（−110.58kJ/mol）小于 N 生成 N_4 吉布斯自由能变化 ΔG（−108.95kJ/mol）。由此说明 M 发生加氢脱氧较 N 容易，与实验结果一致。

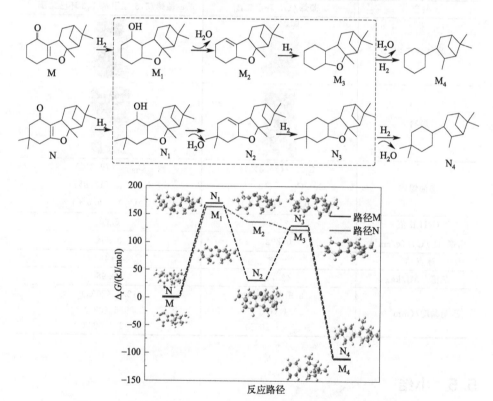

图 5-9　环加成产物 M、N 加氢脱氧反应的路径及 DFT 计算能量图

5.4.5　燃料性能分析

对环加成产物 M、N 的加氢脱氧产物进行减压旋蒸，除去低沸点杂质，

合并产物，对其产物进行性能测试如表 5-6 所示。由表可知，α-蒎烯/1,3-环己二酮环加成合成的环状混合燃料的密度为 0.892g/cm³，冰点 -53℃，其具有优异的低温性质，随着温度从 -20℃ 升高到 20℃，运动黏度从 86.5 下降至 8.5 mm²/s，碳氢比是 7.09，热值是 42.71MJ/kg，是一种有潜在应用价值的高密度燃料。α-蒎烯/5,5-二甲基-1,3 环己二酮环加成得到的燃料较前者密度、冰点、净热值均有提高，分别达到 0.904g/cm³、-48℃、42.98MJ/kg，碳氢比为 6.60。值得一提的是，制备的两种燃料其密度比传统石油基航空燃料 RP-3（0.78g/cm³）密度高 14.3%～15.8%。

表 5-6 环加成产物加氢脱氧燃料性能

性能	α-蒎烯/1,3-环己二酮	α-蒎烯/5,5-二甲基-1,3 环己二酮
环加成产物		
燃料		
燃油组成	C_{16} （85.3%） $C_7 \sim C_{14}$ （10.2%） $>C_{14}$ （3.6%）	C_{18} （79.3%） $C_7 \sim C_{17}$ （13.8%） $>C_{18}$ （6.6%）
C/H 比值	7.09	6.60
密度（20℃）/(g/cm³)	0.892	0.904
冰点/℃	-53	-48
热值/(MJ/kg)	42.71	42.98
运动黏度/(mm²/s)	8.5 （20℃） 20.4 （0℃） 86.5 （-20℃）	12.3 （20℃） 38.6 （0℃） 107.2 （-20℃）

5.5 小结

采用 α-蒎烯与环己二酮经 [3+2] 环加成、加氢脱氧反应制备液体燃料，并对环加成反应及加氢脱氧的机理进行了探讨，最后对燃料性能进行了考察，得到如下结论。

① 以碳酸氢钠和硝酸铈铵为催化剂，α-蒎烯与 2 种环己二酮在冰浴条件下反应 20min，环加成反应的转化率大于 95%，选择性大于 80%。

② 以 Pd/C＋Hβ 催化环加成产物的加氢脱氧反应，在 220℃、4MPa 条件下反应 10h，加成产物 M 和 N 的转化率和脱氧率大于 99.9％。通过 DFT 计算比较了环加成反应的活性，分析了加氢脱氧路径的能量变化，提出了反应路径，阐明了反应机理。

③ α-蒎烯/5,5-二甲基-1,3 环己二酮制备的燃料密度和热值分别为 0.904g/cm^3（20℃）和 42.98MJ/kg，略高于 α-蒎烯/1,3-环己二酮制备的燃料密度（0.892g/cm^3，20℃）和热值（42.71MJ/kg），两者的密度较 RP-3 高 14％～16％，冰点与 RP-3 接近，低温性能较好。

第6章

Ni-Nb 双功能催化剂制备及其
加氢脱氧性能研究

6.1 引言

生物质中含有较多的不饱和键及氧元素，作为高品质高密度燃料，必须进行加氢脱氧反应，它包括两个方面：氢化和脱氧，使大部分芳烃和烯烃处于饱和状态，通过提高有机化合物的 H/O 比来提高燃料的热值。催化加氢脱氧（CHDO）是一种有效的生物油升级策略，在高效催化剂的存在下，在适度的温度和氢气压力下，有选择性地去除生物质中的氧，其核心是高性能催化剂的制备。近年来，CHDO 已成为生物质能源领域的热点，因为 CHDO 有利于生物热解油的大规模应用发展。CHDO 的机理，主要通过模型化合物来完成，讨论模型化合物的反应途径以及催化剂结构与模型化合物性能之间的关系。

许多催化剂已被研究用于加氢脱氧，包括贵金属、过渡金属、金属碳化物、过渡金属磷化物和双功能催化剂。过渡金属磷化物具有"类贵金属"的性质，在加氢精制过程（加氢脱硫、加氢脱氮和 HDO 等）中表现出优异的催化性能，其中磷化镍催化活性最高。双功能催化剂可以方便地在单一催化剂上提供氢化和脱氧位点，使含氧化合物在一个锅内直接转化为烷烃。在各种氢化金属中，Ni 相对于贵金属而言，价格便宜，被认为是一种非常有效的物种，具有活性高、无污染、不易失活等优点。酸性位点与氢化金属的有效结合可以提高 HDO 活性，具有酸性的材料如 Al_2O_3、ZrO_2、TiO_2、分子筛等已被广泛用于构建双功能脱氧催化剂。但是加氢脱氧生成的水会毒化固体酸表面酸性位点从而导致催化剂失活。

　　铌化合物及其相关材料具有良好的耐水性和热稳定性，在固体酸催化领域引起了广泛的关注，可以容易地催化水化、水解和酯化等重要反应。此外，铌基材料构建双功能催化剂，已成功应用于生物质转化领域。例如 Nb_2O_5 用于脂肪酸的脱氧，山梨醇和呋喃基化合物转化为碳氢燃料，获得较好的脱氧效果。但在以往的工作中，报道了铌基材料与贵金属构建双功能催化剂应用于生物油及模型化合物，催化活性较好。但铌基与过渡金属结合构建双功能催化剂在生物油体系中高效转化研究报道较少。

　　本章采用溶胶凝胶法制备双功能 $Ni\text{-}Nb_2O_5$ 催化剂及"一锅法"制备 $Ni_3P/NbOPO_4$ 催化剂，采用模型化合物苯甲醚和苯甲醛考察加氢脱氧性能。探究了催化剂结构和反应参数对加氢脱氧性能的影响，探究了催化剂的稳定性，并提出了催化反应途径。

6.2　材料与试剂

　　本章实验所用的试剂规格及生产厂家如表 6-1 所示。

表 6-1　化学试剂及规格

试剂名称	规格	生产厂家
水合草酸铌	98%	上海阿拉丁生化科技股份有限公司
硝酸镍	分析纯	国药集团化学试剂有限公司
十二烷	98%	上海阿拉丁生化科技股份有限公司
无水乙醇	分析纯	成都市科隆化学品有限公司
柠檬酸	分析纯	国药集团化学试剂有限公司
十六烷基三甲基溴化铵	分析纯	国药集团化学试剂有限公司
磷酸二氢铵	分析纯	国药集团化学试剂有限公司
磷酸	分析纯	成都市科隆化学品有限公司
苯甲醚	分析纯	上海阿拉丁生化科技股份有限公司
苯甲醛	分析纯	上海阿拉丁生化科技股份有限公司
苯酚	分析纯	上海阿拉丁生化科技股份有限公司
愈创木酚	分析纯	上海阿拉丁生化科技股份有限公司
二苯醚	分析纯	上海阿拉丁生化科技股份有限公司
香草醛	分析纯	上海阿拉丁生化科技股份有限公司
4-苄氧基苯酚	分析纯	上海阿拉丁生化科技股份有限公司

　　本章实验所用的仪器型号及生产厂家见表 6-2。

表 6-2　实验仪器

设备名称	型号	生产厂家
集热式恒温加热磁力搅拌器	DF-101D	巩义市予华仪器有限责任公司
恒温鼓风干燥箱	GZX-GF101	上海跃进医疗器械有限公司

设备名称	型号	生产厂家
马弗炉	Zncl-gs00 * 70	天津奥展科技有限公司
管式高温炉	OTF-1200X	合肥科晶材料技术有限公司
高压反应釜	SLM50	北京世纪森朗实验仪器有限公司
气相色谱质谱联用仪	ITQ900	赛默飞世尔科技公司
全自动化学吸附仪	AutoChem II 2920	美国麦克仪器公司
电感耦合等离子体发射光谱仪	Agilent 720	美国安捷伦公司
扫描电子显微镜	Regulus8100	日本日立公司
X射线衍射仪	D8 Advance	德国布鲁克公司
透射电子显微镜	JEM-2100F	日本电子(JEOL)公司
傅里叶红外光谱仪	TENSOR 27	德国布鲁克公司
热重分析仪	TG209F3	德国耐驰仪器制造有限公司
X射线光电子能谱仪	EscaLab 250Xi	美国赛默飞世尔科技公司

6.3 制备方法

6.3.1 Ni-Nb 催化剂的制备

以柠檬酸为络合剂，采用溶胶-凝胶法制备非负载 Ni-Nb-O 复合氧化物前驱体，然后采用氢气还原法制备 Ni-Nb 催化剂。其制备过程简单陈述如下：称取一定量的硝酸镍和 1.92g（10mmol）柠檬酸溶解于 20mL 80% 的乙醇溶液中记为 A 溶液，一定的水合草酸铌溶解于 10mL 的水中记为 B 溶液，将 A 溶液和 B 溶液混合均匀 [保持 Ni 和 Nb 的总物质的量为 10mmol，调节 Nb/(Nb+Ni) 摩尔比分别为 0.05、0.1、0.2 和 0.3]。将混合物置于 80℃ 的水浴中进行蒸发形成黏稠状胶体，进一步超声 10min 后得到湿凝胶。将湿凝胶于 110℃ 温度下干燥 1h 后得到干凝胶，然后置于马弗炉程序升温焙烧（升温程序：5℃/min 升温到 180℃，保持 2h，然后再以 5℃/min 上升至 500℃，保持 5h）得到非负载 Ni-Nb-O 复合氧化物前驱体，表示为 $Ni_{1-x}Nb_xO$（$x = 0.05$、0.1、0.15、0.2），最后置于管式炉在 10%（体积分数）H_2/Ar 气氛下 450℃ 还原 5h 后得到体相 Ni-Nb 催化剂，记为 $Ni_{1-x}Nb_x$。

6.3.2 Ni-Nb-P 催化剂的制备

采用"一锅法"制备非负载双功能 Ni-Nb-P 催化剂。具体步骤简述如下：称取一定量的水合草酸铌、硝酸镍、十六烷基三甲基溴化铵（CTAB）、磷酸氢二铵 [$(NH_4)_2HPO_4$] 分别溶解于 10mL 水中。首先将 $(NH_4)_2HPO_4$ 溶液采用磷酸调节得到不同 pH 值的溶液，再将草酸铌溶液和磷酸氢二铵溶液混合得到溶液 A，随后将硝酸镍溶液滴加到 A 溶液中混合均匀得到 B 溶液，再将 B 溶液逐滴加入 CTAB 溶液中得到乳浊液 C，40℃恒温搅拌 3h，然后转移到晶化釜中在 160℃晶化 20h，抽滤，在 90℃干燥 3h，在 500℃马弗炉煅烧5h，然后在 500℃的管式炉中氢气还原 5h，得到 Ni-Nb-P 催化剂。制备过程中，调节 $(NH_4)_2HPO_4$ 溶液 pH 值范围，记为 Ni-Nb-P（pH＝X），pH 值分别等于 1.0、1.5、2.0、3.0、4.0、5.0、6.0、7.0、8.0；固定水合草酸铌的量，通过改变硝酸镍的量来调节镍与铌的比值，得到不同 Ni/Nb 比值的催化剂，记为 Ni-Nb-P(Y)，Y 分别等于 0.5、1.0、1.5、2.0、2.5、3.0。

6.3.3　加氢脱氧性能测试

催化剂的活性测试采用生物油中典型的含氧化合物的加氢脱氧反应来评估。在 50mL 不锈钢高压釜反应器中进行（北京世纪森朗实验仪器有限公司）。其简要步骤为：称取一定质量的催化剂和模型化合物（苯甲醚、苯甲醛、苯酚等）置于反应釜内衬，再加入 15mL 十二烷作溶剂。首先将氩气通入反应器内替换空气 3 次，以排尽釜内的空气。然后通入氢气将反应器内的氩气置换 2次，最后充入设定压力的氢气（1～5MPa），调节搅拌速度为 700r/min，设定反应温度，并保持该反应温度一段时间（1～6h）。反应一定时间后，反应器冷却到室温。经 0.22μm 尼龙过滤器过滤后对产物进行分析。

6.4　催化剂结构表征

6.4.1　X 射线衍射

XRD 检测方法与 2.4.2 节相同。晶粒尺寸使用谢乐公式基于 Ni（111）晶面衍射峰计算。

6.4.2　N$_2$ 物理吸附-脱附

N$_2$ 物理吸附-脱附检测条件及分析方法与 2.4.3 节相同。

6.4.3　透射电子显微镜

催化剂的颗粒尺寸及晶体形貌测试条件与 2.4.4 节相同

6.4.4　X 射线光电子能谱

催化剂的表面组成和元素的化合态采用美国赛默飞 EscaLab 250Xi X 射线

光电子能谱仪进行测定。以单色 A1 Kα（1486.6eV）作为 X 射线源，能量扫描范围 1～1200eV；数据处理时，以 C1s（284.6eV）为基准校正其他元素的电子结合能。

6.4.5　氨气程序升温脱附

NH_3-TPD 采用全自动多用吸附仪（TP-5080）进行分析。称取样品 50～100mg，首先在 500℃下用 He（程序升温速率为 10℃/min）吹扫 1h 后冷却至 50℃。通入 10% NH_3/He 混合气（流速 30mL/min）30min 至饱和，再以相同的流速通入 He 吹扫 1h，最后在 He 气氛下以 10℃/min 的升温速率升至 800℃，采用 TCD 检测 NH_3 的解吸。

6.4.6　氢气程序升温还原

采用氢气程序升温还原（H_2-TPR）分析催化剂还原行为。具体步骤简述如下：将约 100mg 的样品装入石英棉塞顶部的石英 U 形管中。以 10℃/min 加热至 150℃，在氩气（纯度：>99.999%，流速：20mL/min）中进行预处理，冷却至室温，待基线稳定后，再通入 10% H_2/Ar 混合气体（流速：20mL/min）进行还原，以 5℃/min 速率升温至 1000℃。

6.4.7　扫描电子显微镜-能谱分析

催化剂形貌分析采用日本 Hitachi 公司生产的 Regulus8100 扫描电子显微镜测试，工作电压为 5kV。该仪器上配备了能谱仪，对选定区域进行面扫及 EDX（X 射线能谱）元素分析，测得能谱元素图像。

6.4.8　电感耦合等离子体光谱

采用电感耦合等离子体发射光谱仪测得样品中元素含量。具体步骤为：

① 标准曲线的绘制：配制标准测试溶液，浓度分别为 0mg/L、1.0mg/L、5.0mg/L、10.0mg/L、20.0mg/L、50.0mg/L 的 Ni、Nb 和 P 标准溶液，由测定的强度值对浓度（μg/mL）作图，绘制工作曲线。

② 样品的前处理：将称量 0.5000g 样品加入消解管中，分别加入约 6mL 浓 HNO_3、1mL H_2O_2、0.5mL HF，密封放入不锈钢反应釜中，置于烘箱中 180℃加热 8h 后，停止加热，将冷却后的溶液定容到容量瓶中。

③ 样品元素含量的测定：将消解好的溶液通过 ICP-OES 测试每个样品中

Ni、Nb 和 P 元素含量，当超过曲线范围，需稀释后再测试。

6.4.9　吡啶吸附红外光谱

采用 Bruker TENSOR 27 型红外光谱仪测定催化剂表面吸附吡啶的红外光谱。测试前，样品在 400℃下抽真空至 10～4mmHg（1mmHg＝133.3224Pa）并保持 1h；降至室温，吸附吡啶至饱和；分别升温至 100℃、200℃、300℃ 和 400℃抽真空处理 1h 后，检测吸附吡啶的红外光谱。根据图谱，积分峰面积计算布朗斯特酸和路易斯酸的酸量。

6.4.10　热重分析

采用德国耐驰生产的 TG209 F3 型热重分析仪测定使用前后催化剂的 TG 曲线。检测条件：称取样品 5～10mg 置于热坩埚中，以 10℃/min 升温至 800℃，高纯氮气作为载气，流速为 30mL/min。记录样品的 TG 曲线。

6.5　结果与讨论

6.5.1　Ni-Nb 催化剂结构特征

煅烧后的 Ni-Nb-O 氧化物前驱体及还原后的 Ni-Nb 催化剂 XRD 谱图如图 6-1 所示。由图 6-1(a) 可知所有的 Ni-Nb-O 氧化物样品都显示了归属于绿镍矿 NiO 晶相的特征峰（JCPDS 89.7130）。其中，2θ 为 37.2°、43.2°、63.0°、75.2° 和 79.2°的衍射峰分别对应 NiO 的 (111)、(200)、(220)、(311) 和 (222) 晶面。随着样品中铌掺入量的增加，在 2θ 为 26°处会出现一个明显的宽峰（局部放大图），可以归属为无定形的铌物种。$Ni_{0.7}Nb_{0.3}O$ 样品中在 2θ 处有 35.2°、40.8°、53.5°的峰，归属于 Ni-Nb-O 混合相。相关文献报道，当样品中铌含量较低时，铌主要以无定形 Nb_2O_5 相的形式存在；而高铌含量确实可以导致 Ni-Nb-O 混合相（包括 $NiNb_2O_6$、$Ni_3Nb_2O_8$ 等）的形成，并且 Ni-Nb-O 混合相对催化效果是不利的。此外，500℃焙烧后的含水铌酸（$Nb_2O_5 \cdot H_2O$）仅显示了无定形的宽峰，并没有向结晶型五氧化二铌进行转化。

由图 6-1(b) 可知，通过加氢还原后 Ni-Nb 样品都显示了 Ni 晶相的特征峰（PDF04-0850）。其中 44.5°、51.8° 和 76.5°处的衍射峰分别对应 Ni 的 (111)、(200)、(220) 晶面。然而 $Ni_{0.7}Nb_{0.3}$ 样品中还存在 Ni-Nb-O 的混合相，说明混合相较稳定，不易被还原。

合适的孔道结构是体相催化剂提供催化反应活性位的重要影响因素之一。

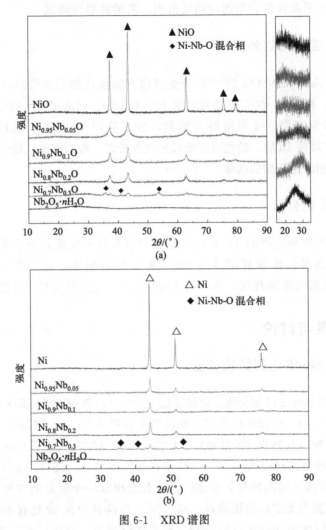

图 6-1　XRD 谱图

(a) 煅烧后的 $Ni_{1-x}Nb_xO$ 氧化物前驱体；(b) 还原后的 $Ni_{1-x}Nb_x$ 催化剂

不同比例的 $Ni_{1-x}Nb_x$ 催化剂的比表面积、平均孔径和孔容如表 6-3 所示。可以看出低铌含量的催化剂中，无定形 Nb_2O_5 相可以促进 Ni 活性相的分散，使其比表面积较大；当 Nb/Ni 摩尔比为 0.1/0.9 时，比表面积和孔容分别达到 $170.8m^2/g$ 和 $0.37cm^3/g$；随着铌含量进一步增加，催化剂比表面积逐渐下降，这可能是铌与镍反应生成不活泼的 Ni-Nb-O 混合相，使得催化剂晶粒发生相互团聚，颗粒尺寸变大，导致催化剂的比表面积和孔容明显减小。通过谢乐公式，以 Ni(111) 晶面为基准，计算了不同比例 $Ni_{1-x}Nb_x$ 样品的镍晶粒尺寸（表 6-3）。可以看出，镍晶粒大小与相应样品的比表面积成反比关系。

表 6-3　催化剂 $Ni_{1-x}Nb_x$ 的物化性能

催化剂	比表面积[①]/(m²/g)	孔径[①]/nm	孔容[①]/(cm³/g)	粒径[②]/nm
Ni	67.9	6.3	0.11	23.7
$Ni_{0.95}Nb_{0.05}$	161.3	3.1	0.24	15.3
$Ni_{0.9}Nb_{0.1}$	172.8	4.7	0.37	13.2
$Ni_{0.8}Nb_{0.2}$	93.01	8.6	0.15	16.1
$Ni_{0.7}Nb_{0.3}$	70.8	9.2	0.12	18.8
$Nb_2O_5 \cdot H_2O$	102.4	5.1	0.20	—

① 比表面积采用 BET 方法计算，孔容与孔径采用 BJH 法，孔径为平均孔径。

② 晶粒尺寸使用谢乐公式基于 Ni（111）晶面衍射峰强度计算。

采用 X 射线光电子能谱（XPS）测试催化剂样品的表面组成和元素的化合态。选取了 NiO、$Ni_{0.9}Nb_{0.1}O$ 和 $Ni_{0.7}Nb_{0.3}O$ 较为典型的样品进行分析，其结果如图 6-2 所示。

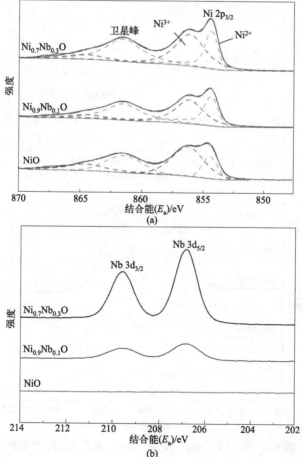

图 6-2　NiO、$Ni_{0.9}Nb_{0.1}O$ 和 $Ni_{0.7}Nb_{0.3}O$ 样品的 XPS 能谱图

（a）Ni 2p₃/₂；（b）Nb 3d

由图 6-2(a) 可知，Ni $2p_{3/2}$ 的两个主峰位于 854.2eV 和 856.0eV，分别归属于 Ni^{2+} 和 Ni^{3+} 物种。同时，当样品中铌含量增加，Ni^{2+}/Ni^{3+} 的峰面积比增加，可能与 Ni^{3+} 物种逐渐被 Nb 消耗而形成 Ni-Nb-O 混合相有关；另一方面，XPS 光谱 Nb 3d［图 6-2(b)］的主峰 Nb $3d_{5/2}$ 为 206.7V，铌物种的结合能与 Nb^{5+} 相匹配良好，表明样品中 Nb 都处于最高的氧化态＋5 价。此外，随着样品中铌含量的增加，归属于 Nb^{5+} 物种的峰面积也随之增大。

还原样品（Ni、$Ni_{0.9}Nb_{0.1}$ 和 $Ni_{0.7}Nb_{0.3}$）的能谱曲线如图 6-3 所示。由图 6-3(a) 可知，Ni $2p_{3/2}$ 区域分别在 852.4eV、855.5eV 和 860.7eV 处出现

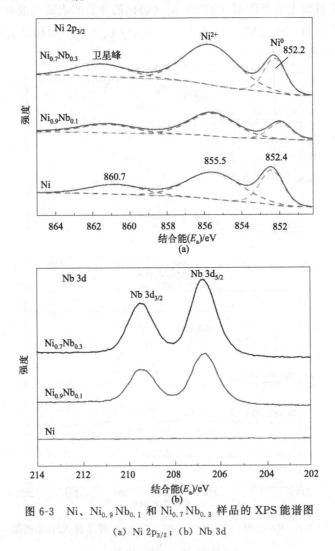

图 6-3　Ni、$Ni_{0.9}Nb_{0.1}$ 和 $Ni_{0.7}Nb_{0.3}$ 样品的 XPS 能谱图

(a) Ni $2p_{3/2}$；(b) Nb 3d

三个峰，与 Ni^0、Ni^{2+} 和 Ni^{2+} 振荡卫星峰相关。同时，可以看出铌的引入使 Ni^0 物种的结合能从 852.4eV 下降到 852.2eV，说明 Nb 的加入会使 Ni^0 电子云密度增加。此外，每个还原样品的表面都存在大量的 Ni^{2+} 物种，随着 Nb 的引入，Ni^0 物种在总 Ni 物种中的表面比例降低。此外，每个还原样品的表面都有大量的 Ni^{2+} 物种，并且随着 Nb 的引入，Ni^0 物种占比降低。

　　为了比较不同比例 Ni_xNb_{1-x} 催化剂的酸性，采用 NH_3-TPD（氨的程序升温脱附）测定样品的酸度。根据解吸峰温度，固体表面酸强度可分为强酸（450℃以上）、中强酸（250～350℃）和弱酸（150～250℃）。Ni、$Ni_{0.9}Nb_{0.1}$ 和 $Ni_{0.7}Nb_{0.3}$ 的氨的解吸曲线如图 6-4 所示。由图可知，$Ni_{0.9}Nb_{0.1}$ 中氨的主要两个解吸峰，分别位于 205℃ 和 444℃，前者代表弱酸位点，后者代表中等强酸位点，说明催化剂同时具有弱酸位和中强酸位。根据相关研究，催化剂的酸量可以通过峰面积来反映。解吸峰面积（总酸含量）为：$Ni_{0.9}Nb_{0.1}$ ＞ $Ni_{0.7}Nb_{0.3}$ ＞Ni，说明铌种类的加入提高了样品的酸量。$Ni_{0.7}Nb_{0.3}$ 可能是惰性混合相（Ni-Nb-O）的存在，导致其酸的强度较弱。

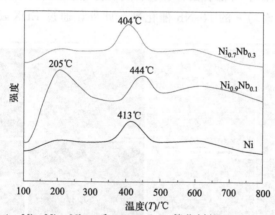

图 6-4　Ni、$Ni_{0.9}Nb_{0.1}$ 和 $Ni_{0.7}Nb_{0.3}$ 催化剂的 NH_3-TPD 图谱

　　3 种典型的 $Ni_{1-x}Nb_xO$ 混合氧化物（NiO、$Ni_{0.9}Nb_{0.1}O$ 和 $Ni_{0.7}Nb_{0.3}O$）的 H_2-TPR 谱图如图 6-5 所示。NiO 的 TPR 曲线在 450℃ 左右出现了一个还原峰，这是由 $Ni^{2+} \rightarrow Ni^0$ 还原步骤引起的。随着铌含量的增加，还原峰向高温移动，说明镍与氧化铌之间的相互作用增强。

　　采用扫描电子显微镜（SEM）对所制备的催化剂的表面形貌进行了测定。$Ni_{0.9}Nb_{0.1}$、$Ni_{0.7}Nb_{0.3}$ 和 Ni 的表面形貌图如图 6-6（a）所示。由图可知，体相的 Ni 催化剂表面层较为致密，具有不规则的多孔结构，而掺 Nb 样品的表面结构发生了明显的变化。$Ni_{0.9}Nb_{0.1}$ 样品表面层相对疏松，呈现均匀的球形纳米颗粒及裂缝孔，且排列较为规整。松散的表面颗粒有助于反应物向活性中

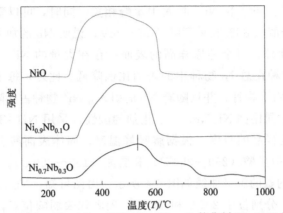

图 6-5　NiO、$Ni_{0.9}Nb_{0.1}O$ 和 $Ni_{0.7}Nb_{0.3}O$ 催化剂 H_2-TPR 谱图

心扩散，从而增强了催化活性。随着铌含量的增加，$Ni_{0.7}Nb_{0.3}$ 样品表面具有增大的球形纳米颗粒和孔隙结构。$Ni_{0.9}Nb_{0.1}$ 样品的 X 射线元素分布及电子能谱如图 6-6（b）所示。可以看出，铌物种均匀分布在样品中，表明通过溶胶-凝胶法可以制备质地均一的 Ni-Nb 催化剂。此外，通过 EDX 测试，样品表面

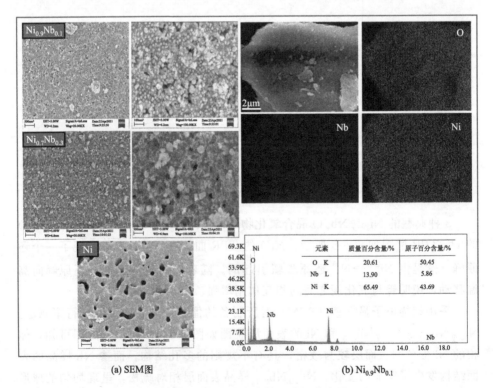

元素	质量百分含量/%	原子百分含量/%
O　K	20.61	50.45
Nb　L	13.90	5.86
Ni　K	65.49	43.69

(a) SEM图　　　　　　　　　　(b) $Ni_{0.9}Nb_{0.1}$

图 6-6　SEM 图及 X 射线元素面分布图

Nb/Ni 摩尔比为 0.12/0.9，略高于理论值 0.1/0.9，说明所制备的 $Ni_{0.9}Nb_{0.1}$ 样品表面富集铌元素。

　　还原后的 $Ni_{0.9}Nb_{0.1}$ 催化剂的高分辨透射电镜（TEM）图像如图 6-7 所示。由图可知，金属 Ni 纳米颗粒分布均匀，另外，还有少许的无定形结构存在，归于不容易还原的无定形 Nb_2O_5 物种。在图 6-7(c) 中观察到 Ni 晶相颗粒（111）面的晶格条纹，通过二维快速傅里叶变换（FFT）计算出的金属 Ni 的晶格间距为 0.204nm。纳米球复合材料的粒径分布如图 6-7(d) 所示，可以看出，$Ni_{0.9}Nb_{0.1}$ 的粒径为 10～14nm，平均粒径为 12.9nm，接近于 XRD 数据计算的粒径（13.2nm）。

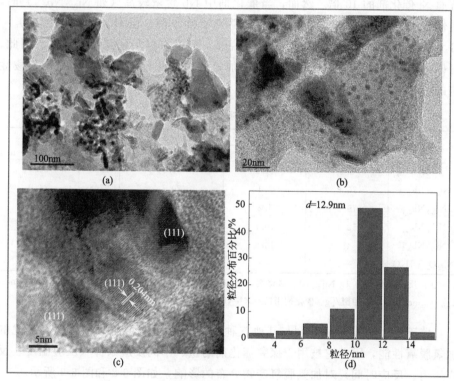

图 6-7　$Ni_{0.9}Nb_{0.1}$ 催化剂 TEM 谱图及粒径分布图

6.5.2　Ni-Nb 对苯甲醚的加氢脱氧性能分析

　　为了初步研究不同 Ni/Nb 摩尔比 $Ni_{1-x}Nb_x$ 催化剂的加氢脱氧性能，在反应温度为 220℃ 和 H_2 压力为 3MPa 的条件下进行苯甲醚的加氢脱氧（HDO）实验，不同 Nb/Ni 摩尔比催化剂对苯甲醚转化率和产物选择性如表

6-4 所示。苯甲醚的加氢脱氧产物经 GC-MS 分析，检测到主要产物有环己烷（CHN）、环己醇（CHL）、甲氧基环己烷（MCH）。由表可知，苯甲醚在本体镍催化剂上反应 4h 后转化率为 72.3%，且甲氧基环己烷的选择性为 50.8%。然而，镍催化加氢脱氧得到的无氧环己烷的选择性仅为 8.1%，这可能是由镍的酸性较差所致。掺入铌后，苯甲醚转化率及脱氧性能显著提高，这主要与催化剂中无定形 Nb_2O_5 的存在有关，因为无定形 Nb_2O_5 可以提供脱氧所需的酸性活性位。其中，$Ni_{0.9}Nb_{0.1}$ 样品展现了较高的加氢脱氧性能，其转化率为 99.6%，环己烷的选择性为 79.2%。相同条件下，$Ni_{0.9}Nb_{0.1}$ 催化反应速率（$R_{rate}=34.6mmol/(g \cdot h)$）为普通 Ni 催化剂的 1.4 倍，脱氧产物选择性约为普通 Ni 催化剂的 10 倍。然而，当催化剂中 Nb 含量较高（如 $Ni_{0.7}Nb_{0.3}$）时，惰性 Ni-Nb-O 混合相的形成，导致脱氧活性下降。此外，铌酸（$Nb_2O_5 \cdot H_2O$）作为对照应用于苯甲醚的加氢脱氧，但没有显示任何反应活性。因此，可以得出双功能 Ni-Nb 催化剂良好的加氢和脱氧化性能是由于金属位与酸性位的协同作用。

表 6-4 Ni_xNb_{1-x} 催化剂对苯甲醚的加氢脱氧性能

催化剂	选择性/%			转化率/%	R_{rate} /[mmol/(g·h)]
	环己烷(CHN)	环己醇(CHL)	甲氧基环己烷(MCH)		
Ni	8.1	41.1	50.8	72.3	25.1
$Ni_{0.95}Nb_{0.05}$	76.8	3.1	20.1	97.8	34.0
$Ni_{0.9}Nb_{0.1}$	79.2	1.8	19.0	99.6	34.6
$Ni_{0.8}Nb_{0.2}$	52.1	10.7	37.2	84.6	29.4
$Ni_{0.7}Nb_{0.3}$	48	18.5	33.5	79.8	27.7
$Nb_2O_5 \cdot H_2O$	—	—	—	0.0	

注：反应条件为 0.1g $Ni_{1-x}Nb_x$ 催化剂，13.9mmol，15mLC_{12}，220℃，3MPa，4h，700r/min，R_{rate}=mmol 转化的苯甲醚/[g（催化剂用量）×h（时间）]。

鉴于 $Ni_{0.9}Nb_{0.1}$ 催化剂与其他三种不同比例的催化剂相比表现出最优的加氢脱氧性能，因此它被用于探究催化剂的量、不同反应条件（反应温度、反应压力、反应时间）对加氢脱氧产物分布的影响，如图 6-8 和图 6-9 所示。

图 6-8 柱状图显示产物的选择性，折线图显示苯甲醚的转化率。由图 6-8（a）可知，压力对反应物的转化率和产物的选择性存在较大的影响。反应压力从 1MPa 增大到 3MPa，苯甲醚的转化率从 65.8% 增大到 99%；在 3MPa 条件下，芳环的加氢和脱氧更容易发生，环己烷的选择性从 36.8% 提高到 79.2%。由图 6-8(b) 可知，苯甲醚在 200~240℃ 范围内基本实现完全转化，转化率均超过 92%。芳环加氢是一个快反应步骤，反应的主产物都不含芳环结构，而脱氧程度主要取决于反应温度。反应温度为 200℃ 时，反应产物主要是甲氧基

环己烷，环己烷的选择性仅为 20.3％。而随着反应温度的升高，环己烷的选择性逐渐增加。当反应温度到达 240℃时，主要产物几乎全部为不含氧的饱和烷烃，环己烷的选择性接近 100％。

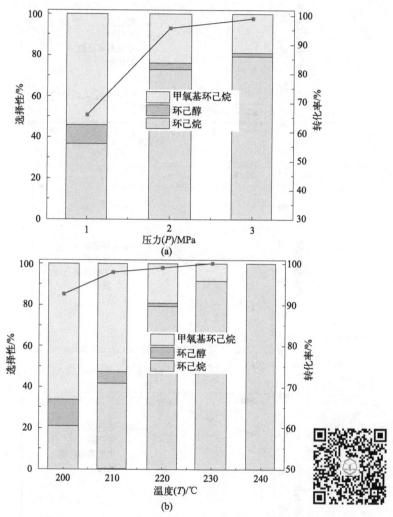

图 6-8　反应压力（a）和反应温度（b）对苯甲醚加氢脱氧的影响

反应条件：（a）4h，700r/min，220℃；（b）3MPa，4h，700r/min

　　为了进一步了解不同温度下反应产物随时间的变化情况，选择在 200℃、220℃和 240℃的条件下反应 1～6h，考察产物随反应时间的变化关系（图 6-9）。在反应温度为 200℃时，反应产物主要是甲氧基环己烷，随着反应时间的延长，甲氧基环己烷选择性增加，而环己烷的选择性较低。说明在较低的温度

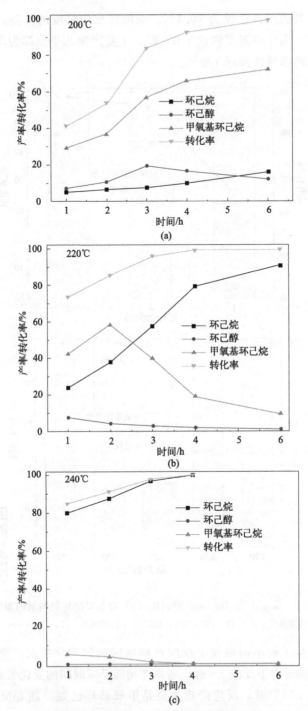

图 6-9 反应时间对苯甲醚加氢脱氧的影响

反应条件：0.1g $Ni_{0.9}Nb_{0.1}$ 催化剂，13.9mmol 苯甲醚，15mL C_{12}，700r/min

下，主要发生苯甲醚的加氢反应；当反应温度 220℃ 时，随着反应时间的延长，甲氧基环己烷的选择性先增大后减小，环己烷的选择性逐渐增加。说明随着反应温度的升高，甲氧基环己烷的脱甲基反应和脱水反应加快。当温度为 240℃ 时，反应 1h 环己烷选择性达到 80%，未检测到环己醇，反应 h 几乎完全转化为环己烷。说明在较高温度下，脱氧反应速率较快，即苯甲醚加氢转化成甲氧基环己烷，立刻脱氧生成环己烷。

催化剂用量也是影响反应的一个重要因素。通过改变 $Ni_{0.9}Nb_{0.1}$ 催化剂用量从 0.04g 增加到 0.12g，探讨了催化剂用量对反应过程的影响。图 6-10 显示了苯甲醚的转化率和环己烷的选择性与催化剂使用量的关系。由图可得，随着催化剂使用量的增大，苯甲醚的转化率和环己烷的选择性明显提高，从低于 40% 提高到 99% 以上。当 $Ni_{0.9}Nb_{0.1}$ 催化剂的用量从 0.10g 增加到 0.12g 时，反应物的转化率和产物的选择性没有增加。因此，催化剂的最佳用量为 0.10g。

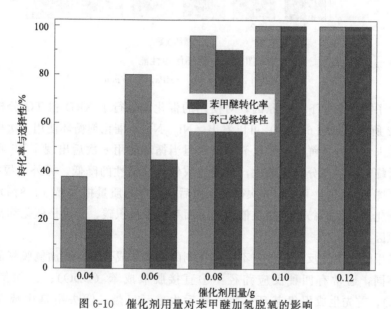

图 6-10　催化剂用量对苯甲醚加氢脱氧的影响

反应条件：13.9mmol 苯甲醚，15mL C_{12}，240℃，4h，3MPa，700r/min

催化剂在工业应用中应具有可回收性和稳定性。因此，还应考虑催化剂的可重复使用性。在最佳反应条件下，测试了 $Ni_{0.9}Nb_{0.1}$ 催化剂的循环使用性能，如图 6-11 所示。反应结束后催化剂通过简单离心、乙醇洗涤和干燥后再生，并在相同的反应条件下用于下一次实验。结果显示，在连续使用 6 次反应后，苯甲醚的转化率基本不变，环己烷的选择性从 99.8% 逐渐下降到 76%，表明催化剂的活性略有降低但不明显。因此，采用溶胶-凝胶法制备的纳米球

Ni-Nb_2O_5 复合材料被认为是一种很有前途的具有可重复使用性的多相催化剂。

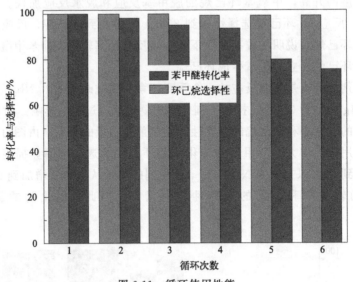

图 6-11　循环使用性能

反应条件：240℃，4h，3MPa，700r/min

为了找出活性下降的原因，对使用的催化剂进行了 XRD 和 TG 分析，如图 6-12 所示。从图 6-12(a) 可以看出，$Ni_{0.9}Nb_{0.1}$ 催化剂循环使用 4 次后的衍射峰与未使用的新鲜纳米催化剂相似，但当循环使用 6 次后出现了 Ni 和 NiO 的衍射峰，说明部分镍被氧化，可能导致催化剂活性的降低。另外，根据 TG 曲线 [图 6-12(b)] 可知，6 次循环使用后催化剂的质量损失率（1.8%）高于新鲜催化剂（0.9%），可能在催化剂表面存在少量积碳，这也是催化剂活性降低的原因。

苯甲醚在不同反应条件、不同催化剂的结构和成分下，其加氢脱氧的反应历程不同，通常有四种反应路径：①直接脱氧成苯（DDO）；②加氢-脱氧（HYD），首先生成甲氧基环己烷，然后生成环己烷；③去甲基生成苯酚化（DME）；④甲基转移（TMA），产物一般有甲苯、二甲苯、邻甲酚和 2,6-二甲基酚等。根据检测，主要反应产物有环己烷（CHN）、环己醇（CHL）、甲氧基环己烷（MCH），提出了 Ni-Nb_2O_5 催化苯甲醚可能的氢脱氧化反应机理，如图 6-13 所示。主要通过三个步骤：①苯甲醚中芳环加氢饱和生成甲氧基环己烷；②甲氧基环己烷中 O—CH₃ 键发生氢解断裂，脱除甲基后生成环己醇；③通过分子内脱水，环己醇脱氧化生成最终目标产物环己烷。说明苯甲醚加氢脱氧（HDO）遵循 HYD 路线。

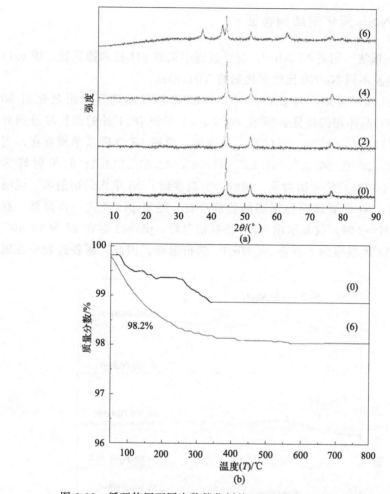

图 6-12　循环使用不同次数催化剂的 XRD 图（a）和 TG 曲线（b）
未使用（0），使用 2 次（2），使用 4 次（4），使用 6 次（6）

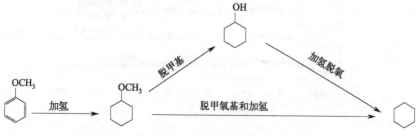

图 6-13　苯甲醚在 Ni-Nb 催化剂上的反应路径

6.5.3　Ni-Nb-P 催化剂结构特征

采用"一锅法"制备 Ni-Nb-P，制备过程中调节 pH 值和镍铌比，图 6-14 为不同 pH 值及不同 Ni/Nb 比值催化剂的 XRD 谱图。

由图 6-14（a）可知，当 pH＝6～8，Ni-Nb-P 样品均显示出氢化后 Ni （PDF87-0712）晶体相的特征。2θ 在 44.5°、51.8°和 76.4°处的衍射峰分别对应于 Ni 的（111）、（200）和（220）晶体面，说明 Ni 金属以单质存在；当 pH＝3～5 时，2θ 在 36.38°、41.13°、41.76°、42.81°、43.64°的衍射峰为 Ni_3P（PDF74-1384）特征衍射峰，同时，也观察到了 Ni 单质的衍射峰，说明 pH＝3～5 时，Ni 金属以两种形态的物质存在；随着 pH 值进一步降低，在 pH＝1.5、pH＝2 时，仅显示出 Ni_3P 特征衍射峰；pH＝1 时在 2θ 为 32.40°、37.24°、41.58°处观察到了合金 $Ni_4Nb_5P_4$ 的衍射峰。因此，制备过程中在碱

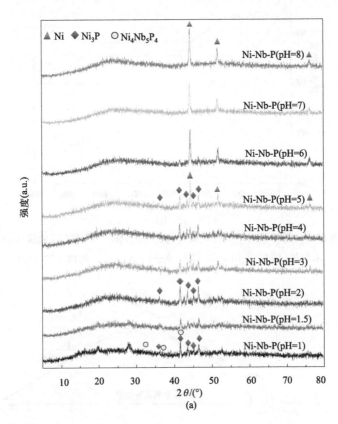

(a)

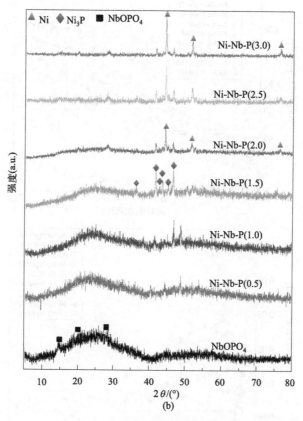

图 6-14　Ni-Nb-P 催化剂的 XRD 谱图

性或中性条件下，所得催化剂中的 Ni 以单质的形式存在，随着 pH 值的降低 Ni 逐渐转化为 Ni_3P，当 pH 值降低为 $1.5 \sim 2$ 时 Ni 仅以 Ni_3P 的形式存在，但随着 pH 值的进一步降低，当 pH 值为 1 时则会生成 $Ni_4Nb_5P_4$ 合金。由图 6-14(b) 可知，当 Ni/Nb 比值在 $0.5 \sim 1.5$ 时，可以观察到 Ni_3P 特征衍射峰，说明镍主要以 Ni_3P 形态存在；随着 Ni/Nb 比值的增大，出现 Ni 单质的衍射峰，随着镍含量的增大镍单质的衍射峰越尖锐。研究表明 pH 值及 Ni/Nb 比值不同，Ni 以不同物质形态存在，而 Nb 主要以无定形的 $NbOPO_4$ 存在。

催化剂的 N_2 吸附-解吸等温线、孔径分布及催化剂结构特征分别如图 6-15 和表 6-5 所示。由图 6-15(a) 和（c）可知，当 pH≤6 和 Ni/Nb 比值≤2 时，等温曲线均符合 IUPAC 分类的Ⅳ型，属于典型的介孔材料，且 Ni/Nb 比值＝$1 \sim 2$ 时，是典型的 H_3 型滞后，证实存在片状粒子堆积形成的狭缝孔。当 pH＝8 时，符合 IUPAC 分类的Ⅱ型，反映的是非孔性或者大孔吸附剂上的典型物理吸附。

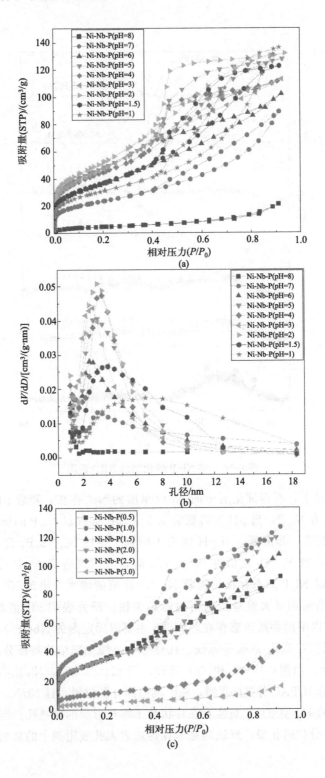

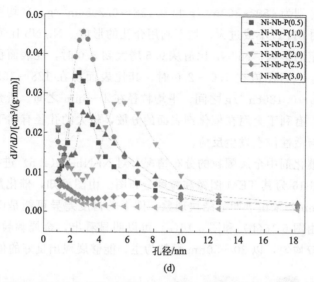

(d)

图 6-15　Ni-Nb-P 催化剂的 N_2 吸附-解吸等温线和孔径分布

由图 6-15(b) 和图(d) 可知，当 pH＝1～2 时，孔径分布比较分散，且有较多大孔径；当 pH 值在 3～7 和 Ni/Nb 比值在 0.5～1.5 时，孔径分布主要集中在 2～6nm；随着 Ni/Nb 比值增大，孔径分布更宽，当 Ni/Nb＝2.0 时，分布在 3～10nm；随着 pH 值（pH＝8）及 Ni/Nb 比值（2.5～3.0）进一步增大，得到的材料无孔或孔径过大，与 N_2 吸附-脱附等温线曲线相符。

表 6-5　Ni-Nb-P 催化剂结构特征

催化剂	比表面积/(m²/g)	孔容/(cm³/g)	平均孔径/nm
Ni-Nb-P(pH＝1)	18.10	0.033	7.39
Ni-Nb-P(pH＝1.5)	86.82	0.138	6.37
Ni-Nb-P(pH＝2)	154.41	0.158	4.71
Ni-Nb-P(pH＝3)	178.57	0.198	4.44
Ni-Nb-P(pH＝4)	164.29	0.173	4.20
Ni-Nb-P(pH＝5)	180.12	0.175	3.89
Ni-Nb-P(pH＝6)	194.27	0.205	4.22
Ni-Nb-P(pH＝7)	136.38	0.190	5.58
Ni-Nb-P(pH＝8)	83.92	0.111	7.41
Ni-Nb-P(0.5)	137.27	0.144	4.19
Ni-Nb-P(1.0)	154.41	0.158	4.71
Ni-Nb-P(1.5)	129.06	0.168	5.19
Ni-Nb-P(2.0)	128.44	0.186	5.78
Ni-Nb-P(2.5)	44.32	0.068	6.09
Ni-Nb-P(3.0)	19.80	0.026	5.29

由表 6-5 数据可以看出，当 pH＝1 时，比表面积仅为 $18.10m^2/g$，随着 pH 值增大，比表面积和孔容先增大后减小，当 pH＝2～6 时，比表面积和孔

容均较大，分别为 $150\sim200m^2/g$ 和 $0.158\sim0.205cm^3/g$，平均孔径在 $3.8\sim4.8nm$，说明 pH 过小或过大，均不利用介孔的形成。Ni/Nb 比值对催化剂的结构也有一定的影响，Ni/Nb 比值从 0.5 增大到 3.0 时，比表面积和孔容也是先增大后减小；当比值在 $1.0\sim2.0$ 时，其比表面积在 $128\sim155m^2/g$ 之间，孔容在 $0.158\sim0.186cm^3/g$ 之间，平均粒径在 $4\sim6nm$ 之间。研究表明催化剂比表面积大，有利于金属在催化剂表面的分散，较大的孔径有利于反应物进入孔中，从而与活性位点发生反应。

为观察催化剂中金属颗粒的分布情况，对 Ni-Nb-P（1.5）进行了 TEM 表征分析，图 6-16 为其 TEM 图像和粒度分布图。由图可知，催化剂金属颗粒直径为 $20\sim70nm$，未出现明显结块现象。图上的衬度差异可能是由金属的高度密集所致。由图 6-16（b）和图 6-16（c）可以明显看出，金属颗粒被良好包裹，且颗粒分布较均匀，以 $30\sim50nm$ 颗粒为主，能够展现出良好的催化性能。

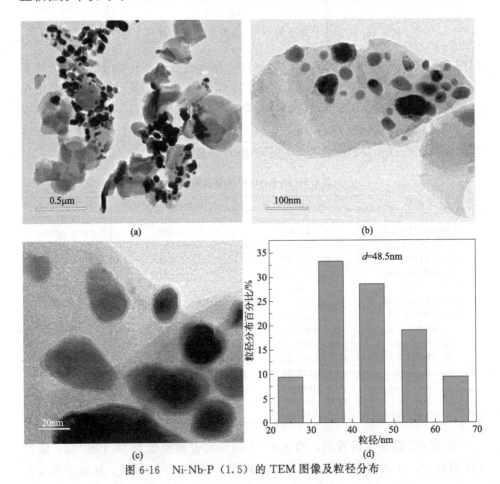

图 6-16 Ni-Nb-P（1.5）的 TEM 图像及粒径分布

  图 6-17 为 Ni-Nb-P（1.5）催化剂的 SEM 形貌图及 EDX 图，明显看出所制备催化剂样品为片状结构，能够确保催化剂比表面积的最大化，暴露出更多的活性位点，显著提高其催化性能，且结晶度良好，粒径分布均匀。与图 6-15(c) N_2 吸附-脱附等温线显示出的 H_3 型滞后相符，证实确实为片状粒子堆积形成的狭缝孔。由 EDX 图可知元素分布较为均匀，表明样品中没有团聚现象。同时根据 EDX 元素分布可知催化剂表面的 Nb/Ni＝1.06，说明 Nb 元素富集在催化剂的表面，这为催化剂提供更多的酸性位点，从而增强了催化剂的脱氧性能。此外，Ni_3P 与 $NbOPO_4$ 颗粒交织在一起，为增强 Ni_3P 与 $NbOPO_4$ 之间的相互作用创造了有利条件。

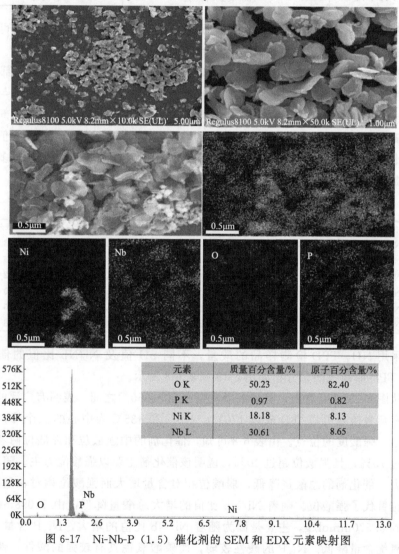

图 6-17　Ni-Nb-P（1.5）催化剂的 SEM 和 EDX 元素映射图

采用 ICP-OES 对不同 Ni/Nb 比值催化剂的元素含量进行了分析测试，3 种元素（Ni、Nb、P 元素）标准曲线及相关系数如表 6-6 所示。由表可知，3 种元素的标准曲线的相关系数 R^2 均大于 0.9999，说明线性良好，可以用于样品元素含量的测定。

表 6-6　元素标准曲线及相关系数

元素	标准曲线	相关系数 R^2
Ni	$y = 2948.9x + 96.263$	0.9999
Nb	$y = 3229.4x - 35.339$	0.9999
P	$y = 766.49x + 8.6029$	0.9999

表 6-7 为不同 Ni/Nb 比催化剂的元素含量结果。从表 6-7 中数据可以看出，随着 Ni/Nb 理论比值增大，所得到的催化剂中的 Ni 含量不断上升。当理论比值从 0.5 增大到 2.5 时，实测的 Ni/Nb 比值从 0.18 增加到 1.70，部分 Ni 与 P 生成 Ni_3P，而过多的 Ni 以单质的形式存在，但实测 Ni/Nb 比值与理论值有一定的差距，可能是因为在酸性条件下，Ni 不能完全沉积，有一部分的 Ni 以离子的形式溶于水中，造成了一定量的损失。继续增加 Ni/Nb 比值，当理论比值从 2.5 增加到 3.0 时，实测 Ni/Nb 比值仅增加 0.08，说明过多的镍不能提高催化剂的产量，造成大量的浪费。

表 6-7　不同 Ni/Nb 比催化剂元素含量

Ni/Nb	Ni 含量/%	Nb 含量/%	P 含量/%	Ni/Nb（摩尔比）
Ni-Nb-P(0.5)	4.71	40.92	13.78	0.18
Ni-Nb-P(1.0)	16.55	35.74	12.43	0.73
Ni-Nb-P(1.5)	21.82	33.79	11.23	1.02
Ni-Nb-P(2.0)	28.44	32.15	12.61	1.40
Ni-Nb-P(2.5)	31.89	29.53	10.77	1.70
Ni-Nb-P(3.0)	35.76	28.42	10.56	1.78

采用 NH_3-TPD 检测样品的酸量，不同 pH 值及 Ni/Nb 比值的催化剂 NH_3-TPD 曲线及酸量分布如图 6-18 和表 6-8 所示。

从图 6-18 可以看出，氨的解吸发生在 50～650℃ 之间，表明有广泛的酸位点。宽解吸信号可以拟合成以 170℃、270℃ 和 435℃ 为中心的三个峰，代表弱、中、强酸度的位点。由表 6-8 可知，催化剂的中强酸位和强酸位两者之和均超过 75%，且强酸位超过 40%，说明该催化剂主要以强酸位为主。随着 pH 值增大，催化剂的总酸量降低，弱酸位相对含量增大而强酸位相对含量减小，弱酸位替代了强酸位。随着 Ni/Nb 比值的增大总酸量降低，由 1.098mmol/g 降低到 0.570mmol/g，主要是因为随着 Ni/Nb 比值的增大，Ni_3P 含量增大，磷酸氧铌含量降低。Ni_3P 的酸性较弱，而磷酸氧铌具有较强的酸性，催化剂

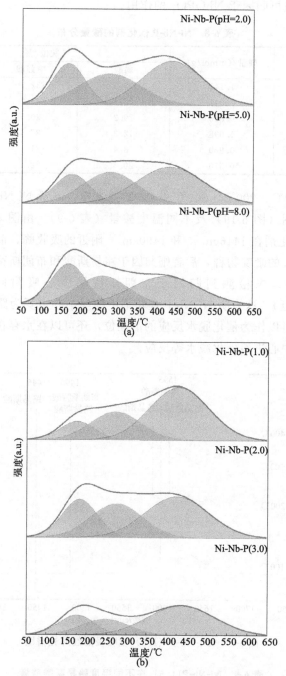

图 6-18　催化剂 Ni-Nb-P 的 NH₃-TPD 曲线图

酸强度和高酸量可归因于 NbOPO$_4$ 的作用。

表 6-8　Ni-Nb-P 催化剂的酸量分布

催化剂	酸量/(mmol/g)	酸位/%		
		弱酸	中强酸	强酸
Ni-Nb-P(pH=2)	1.141	22.5	32.7	44.8
Ni-Nb-P(pH=5)	1.042	25.1	33.2	42.7
Ni-Nb-P(pH=8)	0.836	29.2	30.5	40.4
Ni-Nb-P(0.5)	1.098	12.3	27.5	60.2
Ni-Nb-P(1.5)	0.960	23.4	31.1	45.5
Ni-Nb-P(2.5)	0.570	20.6	22.4	57.0

分别在 100℃、200℃、300℃和 400℃抽真空，测量 Ni-Nb-P(1.5) 的吡啶吸附红外谱图（图 6-19）及不同温度酸量（表 6-9）。由图 6-19 可知，Ni-Nb-P(1.5) 催化剂在 1446cm^{-1} 和 1490cm^{-1} 附近的吸收峰，前者归因于吸附在路易斯酸中心的吡啶物种，后者则归因于路易斯酸和布朗斯特酸中心混合吸附的吡啶物种，未检测到归因于布朗斯特酸中心吸附吡啶的吸收峰（1540cm^{-1} 附近），这表明 Ni-Nb-P 催化剂中的酸中心主要为路易斯酸。路易斯酸中心不仅可以作为催化脱水反应的活性位，还可以在水存在的情况下转化为布朗斯特酸中心进而催化脱水等反应。

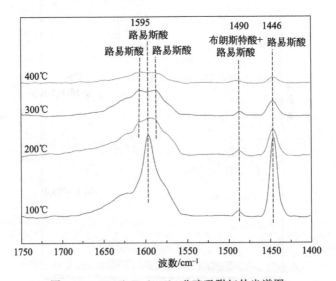

图 6-19　Ni-Nb-P（1.5）吡啶吸附红外光谱图

表 6-9　Ni-Nb-P(1.5) 在不同温度路易斯酸酸量

温度/℃	100	200	300	400
酸量/(mmol/g)	123.05	45.78	27.54	10.86

如图 6-20 为不同 Ni/Nb 比值 Ni-Nb-P 催化剂的 XPS 谱图。由图可知，在 Ni 的 2p 壳层存在三个谱峰，其中 δ 852.4～852.7eV 处的峰归属于磷化镍中的 $Ni^{\delta+}$（0＜δ＜2），而其他两峰归属于 Ni^{2+}；在 P 的 2p 壳层，129.2eV 和 133.7eV 处的峰则分别归属于 $P^{\delta-}$（0＜δ＜1）和 P^{5+}，与文献报道相一致。在 Nb 的 3d 的壳层，在 207.6eV 和 210.4eV 处出现了两个峰，其结合能刚好与 Nb^{5+} 相匹配，说明样品中 Nb 都处于最高的氧化态＋5 价。过渡金属磷化物属于共价化合物，电子云密度由金属和磷原子共享。因此，磷化镍中 $Ni^{\delta+}$ 和 $P^{\delta-}$ 的电子结合能与其单质相接近。

6.5.4　Ni-Nb-P 催化剂加氢脱氧性能分析

为了初步考察 Ni-Nb-P 催化剂的加氢脱氧性能，以苯甲醚（所含甲氧基官能团为木质素结构单元中最丰富的官能团之一）为反应底物，在高压加氢釜式反应器中考察其加氢脱氧活性，通过 GC-MS 对产物进行定性分析，检测到液

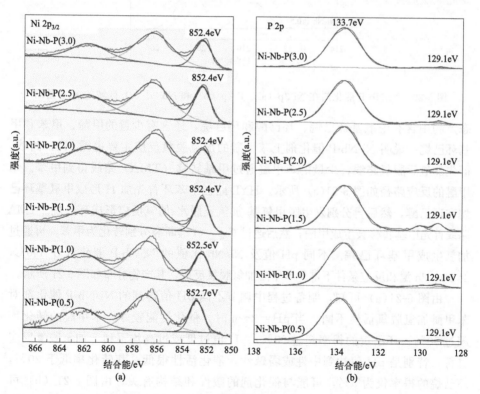

图 6-20

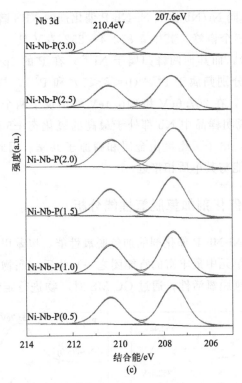

图 6-20　Ni-Nb-P 催化剂在 Ni 2p（a）、P 2p（b）和 Nb 3d（c）区域的 XPS 谱图

态产物中含有甲氧基环己烷、环己醇和环己烷，还含有少量的甲酚、甲苯和甲基环己烷，说明 Ni-Nb-P 催化剂上苯甲醚的加氢脱氧反应主要遵循 HYD 路线，即先加氢后脱氧路线，少量的苯甲醚通过甲基转移（TMA）路线得到甲苯。苯甲醚的反应路径如图 6-21(a) 所示。HYD 路径中苯环首先加 H 形成甲氧基环己烷和环己醇，然后再分别发生脱甲氧基-加氢及脱水-加氢反应形成环己烷。TMA路线首先甲基转移会生成甲酚，然后通过 C_{Ar}—O 键断裂分别转化为甲苯，再通过加氢生成甲基环己烷。不同 pH 值及 Ni/Nb 比值的 Ni-Nb-P 催化剂在 140℃、2MPa、2h 温和反应条件下催化苯甲醚加氢脱氧反应，其产物分布如图 6-21 所示。

　　由图 6-21(a) 可知，制备过程中调节不同 pH 值得到的 Ni-Nb-P 催化剂对苯甲醚加氢脱氧活性不同。当 pH＝2～4 时，催化性能较好，苯甲醚的转化率超过 50％，环己烷的得率超过 20％；pH 值过低或过高均不利于加氢脱氧反应进行，特别是 pH 值达到中性或弱碱性，催化活性很低，其转化率低于 20％，环己烷的得率仅为 5％，可能与催化剂的酸性和结构有关。由图 6-21（b）可知，不同 Ni/Nb 比值的 Ni-Nb-P 催化剂对苯甲醚的催化活性差异较大。当Ni/Nb 比值从 0.5 增加到 1.5 时，催化活性明显增加，转化率由 31.5％增加到 80.2％，环己烷的得率由 14.0％增加到 50.7％，是由于随着 Ni/Nb 比值增加，活性组分 Ni$_3$P 含量也随之增加。但随着 Ni/Nb 比值进一步增加，催化活性降低，特别是脱氧性能显著降低，环己烷的得率降低到 33.1％，可能是随着 Ni 含量的进一步增加，无定形 NbOPO$_4$ 物种的相对含量降低，催化剂的酸性、比表面积和孔容明显降低导致活性降低。因此当 Ni/Nb＝1.5 时，催化剂比表面积及酸性均较高，展现出最佳的活性。

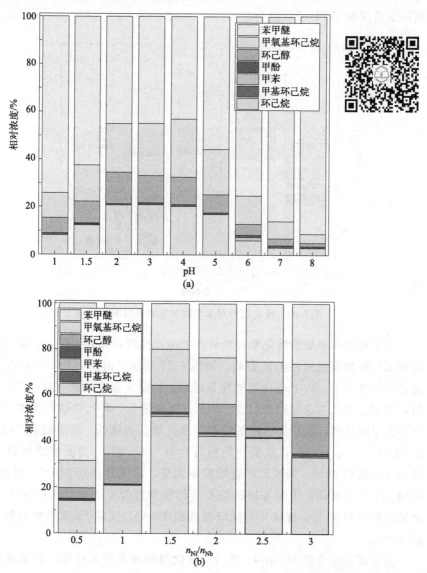

图 6-21　不同 pH 值及 Ni/Nb 比值 Ni-Nb-P 催化剂对苯甲醚加氢脱氧性能的影响
反应条件：0.1g 催化剂，10％（质量分数）苯甲醚，15mL C$_{12}$，140℃，2MPa，2h，700r/min

　　以 Ni-Nb-P（1.5）为催化剂，改变 H_2 的压力（1~5MPa），在 140℃ 条件下反应 2h 探究反应压力对苯甲醚加氢脱氧的性能，结果如图 6-22 所示。由图可知，反应压力从 1MPa 提高到 2MPa，转化率从 71.2% 提高到 80.1%，脱氧产物也明显增加。继续增加压力苯甲醚转化率和产物脱氧率几乎不改变。值得注意的是，当压力为 1MPa 时，甲基环己烷和甲苯的得率为 8.1%，增加压力后，两者的得率均降到 2% 以下，说明低压甲基转移（TMA）产物增多，高压更易按照 HYD 路线进行。

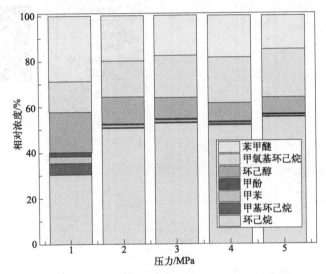

图 6-22　反应压力对苯甲醚加氢脱氧性能的影响

　　为了提高苯甲醚的转化率和脱氧产物的选择性，探究了反应温度和反应时间对苯甲醚加氢脱氧性能的影响，如图 6-23 所示。由图可知，反应温度的升高显著促进了 Ni-Nb-P 催化剂的脱氧效率。当反应温度较低（140℃ 和 150℃）时，苯甲醚的相对含量随着反应时间延长逐渐降低，环己烷逐渐增加，而含氧化合物甲氧基环己烷和环己醇的相对含量先增加后降低。苯甲醚在 140℃ 下反应 6h 转化率为 89.1%，脱氧产物相对含量为 66.6%；当温度增加到 150℃，转化率增加到 99%，但脱氧产物增加不明显。温度升高到 160℃，反应 2h 苯甲醚几乎全部转化，甲氧基环己烷和环己醇含量低于 1%，反应 6h 后脱氧产物环己烷达到 93%；继续升高反应温度到 180℃，反应 2h 苯甲醚的脱氧率达到 100%。

　　为了进一步考察 Ni-Nb-P（1.5）催化剂的加氢脱氧性能，以苯酚和苯甲醛为底物，在温和条件下进行加氢脱氧反应，如图 6-24 所示。

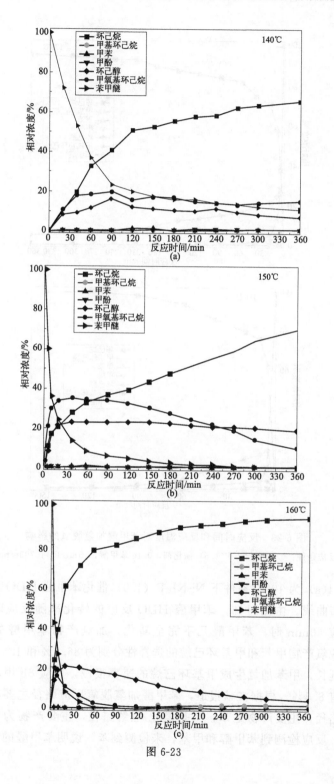

图 6-23

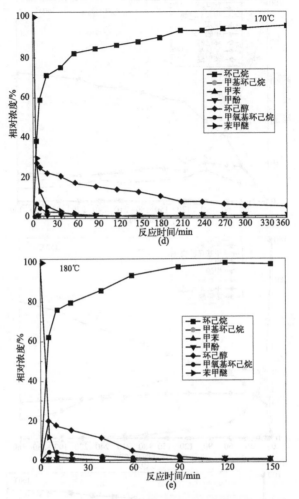

图 6-23　反应时间和反应温度对苯甲醚加氢脱氧的影响

反应条件：0.1g Ni-Nb-P(1.5) 催化剂，0.1g 苯甲醚，15mL C$_{12}$，700r/min

图 6-24(a) 为 100℃条件下 Ni-Nb-P (1.5) 催化苯甲醛 HDO 反应产物随时间的分布曲线。由图可知，苯甲醛 HDO 反应的转化率随反应时间迅速增长。当反应 40min 时，苯甲醛几乎完全转化，加氢产物苯甲醇的选择性为 12.3％；脱氧产物甲苯和甲基环己烷的选择性分别为 86.4％和 1.3％。随着反应时间的延长，甲苯加氢生成甲基环己烷的速率很慢，反应 6h 甲基环己烷的选择性仅有 8.5％。根据文献报道，苯甲醛加氢脱氧反应路径主要有两条：一是脱羰基路径，主要产物是苯；二是氢化-氢解路径，主要产物为甲苯。根据产物分析，反应检测到苯甲醇和甲苯，未检测到苯，说明苯甲醛的加氢脱氧是

遵循氢化-氢解路径而不是脱羰基路径，其反应路径见图 6-25(b)。图 6-25(b)
显示在 150℃条件下 Ni-Nb-P(1.5) 催化苯酚 HDO 反应。由图可知，当反应
进行 30min，苯酚 HDO 反应的转化率高达 99.8%，脱氧产物主要为环己烷
（选择性为 91.5%），含氧产物环己醇的选择性为 8.5%。当反应 6h 后，苯酚
全部转化为环己烷。苯酚 HDO 完全经由 HYD 路径，主要经两步进行：①苯
酚完全加氢生成环己醇；②环己醇脱水加氢生成环己烷。其反应路径如
图 6-25(c) 所示。

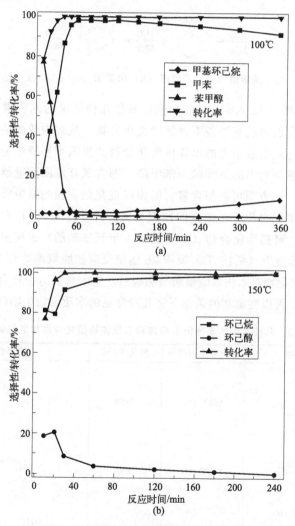

图 6-24 Ni-Nb-P (1.5) 催化剂上苯甲醛 (a) 和苯酚 (b) 的加氢脱氧

反应条件：0.1g 催化剂，0.1g 底物，15mL C_{12}，2MPa，700r/min

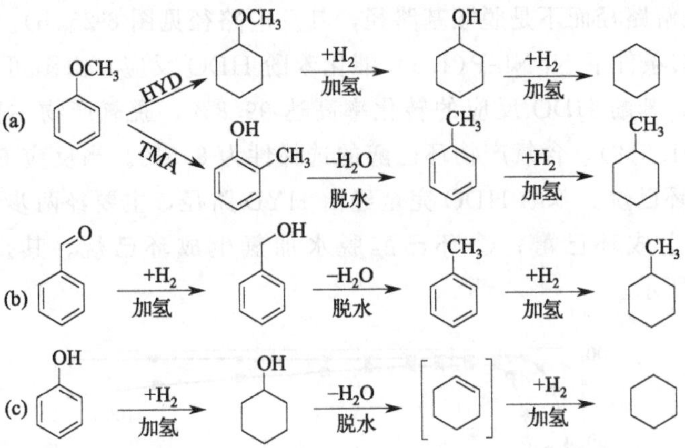

图 6-25　苯甲醚（a）、苯甲醛（b）和苯酚（c）HDO 反应路径

表 6-10 列举了 Ni-Nb-P（1.5）催化其他几种常见的木质素衍生单体和二聚体模型化合物加氢脱氧制备不含氧烃类化合物。从表中数据结合前面的研究可以看出，几种木质素衍生的单体模型化合物的脱氧难易顺序为：香草醛＞愈创木酚＞苯甲醚＞对甲酚＞苯酚＞苯甲醛，即含氧官能团数量越多，催化剂的脱氧难度越大。一方面可能与含氧官能团在催化剂表面的竞争吸附有关，另一方面可能与模型化合物分子的空间位阻有关。此外，Ni-Nb-P（1.5）催化剂对木质素衍生的二聚模型化合物（二苯醚和 4-苄氧基苯酚）表现出优异的催化效果，均在较低温度下（≤180℃）反应 3h 能使反应物脱氧率达到 100%。综上所述，Ni-Nb-P 催化剂对木质素醚键断裂和裂解产生的含氧芳香化合物具有较好的加氢脱氧性能，可以在温和的条件下将几种常见的木质素衍生物转化为烷烃。

表 6-10　几种常见木质素衍生单体和二聚体模型化合物加氢脱氧性能

模型化合物	反应温度和时间	转化率/%	选择性/%	
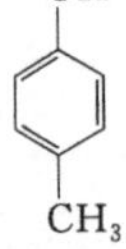	160℃,3h	>99	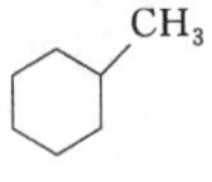 100	
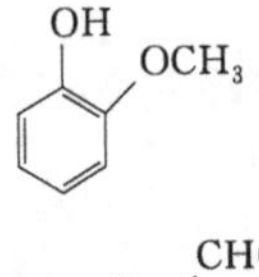	180℃,2h	>99	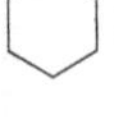 100	
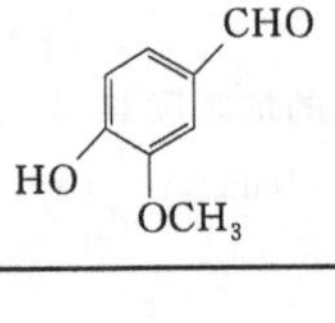	180℃,3h	>99	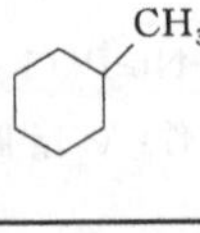 89 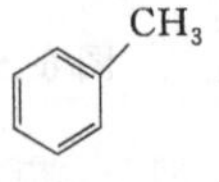	11

续表

模型化合物	反应温度和时间	转化率/%	选择性/%
	180℃,1h	>99	100
	160℃,3h	>99	48　　52

注：反应条件为 0.1g Ni-Nb-P（1.5）催化剂，0.1g 底物，15mL C$_{12}$，2.0MPa，700r/min。

为了进一步考察 Ni-Nb-P 催化剂在燃料前驱体中的实际应用，以第 4 章羟醛缩合产物和第 5 章环加成产物为原料进行加氢脱氧反应，并与商用的 Pd/C 和 Hβ 混合催化剂进行对比。其结果如表 6-11 所示。由表可知，在相同的条件下，Ni-Nb-P 对羟醛缩合产物加氢脱氧性能优于 Pd/C＋Hβ 催化剂，Ni-Nb-P 催化剂在 160℃的温和条件反应 6h，缩合产物转化率均超过 99.9%，除了缩合产物 E 脱氧率为 95.3%，其余几乎实现完全脱氧；而环加成产物的加氢脱氧性能 Ni-Nb-P 略低于 Pd/C＋Hβ 催化剂。综上所述，Ni-Nb-P 催化剂是一种加氢脱氧性能非常优异的双功能催化剂。

表 6-11　Ni-Nb-P 催化燃料前驱体加氢脱氧性能

燃料前驱体结构	Ni-Nb-P		Pd/C＋Hβ	
	转化率/%	脱氧率/%	转化率/%	脱氧率/%
	>99.9	>99.9	>99.9	>99.9
	>99.9	>99.9	99.0	96.6
	>99.9	>99.9	99.2	97.6
	>99.9	>99.9	96.2	93.4
	>99.9	95.3	95.4	90.2

续表

燃料前驱体结构	Ni-Nb-P		Pd/C＋Hβ	
	转化率/%	脱氧率/%	转化率/%	脱氧率/%
（酮-呋喃结构）	>99.9	>99.9	95.7	86.0
（酮-苯结构）	>99.9	>99.9	99.3	90.4
（酮-呋喃并环结构）	92.7	87.5	98.3	92.6
（酮-呋喃并环结构）	89.6	75.7	92.6	78.9

注：反应条件为 0.1g Ni-Nb-P 或 0.1g Pd/C＋0.8g Hβ 催化剂，0.5g 燃料前驱体，20mL 环己烷，2MPa，6h，700r/min，燃料前驱体 A～F 的反应温度为 160℃，M～N 的反应温度为 180℃。

催化剂的稳定性可衡量催化剂是否具有应用价值。因此在最佳反应条件下，测试了 Ni-Nb-P（1.5）催化剂对苯甲醚和苯酚加氢脱氧反应的可重复使用性，如图 6-26 所示。反应结束后催化剂通过离心、乙醇洗涤、80℃真空干燥 2h，随后 500℃还原 1h 后再生，并在相同的反应条件下用于下一次实验。

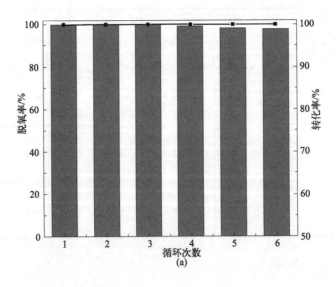

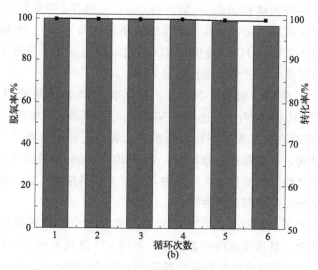

图 6-26　Ni-Nb-P 催化剂循环使用性能

(a) 苯甲醚；(b) 苯酚

由图 6-26 可知，在连续使用 6 次反应后，苯甲醚和苯酚的转化率和脱氧率基本不变，表明催化剂的活性几乎未降低，具有较好的稳定性。因此，采用"一锅法"制备的片状 Ni-Nb-P 催化剂是一种稳定性较好的且具有应用价值的材料。

6.6　小结

本章采用溶胶-凝胶法制备了 Ni-Nb 催化剂及"一锅法"制备了介孔 Ni-Nb-P 催化剂，并以苯甲醚、苯甲醛、苯酚等模型化合物探究加氢脱氧性能。采用 XRD、SEM、TEM、XPS 等对所制备的催化剂进行了表征，基于实验得到的产物，提出了反应途径。得出以下结论：

① 通过溶胶-凝胶法制备 Ni-Nb 催化剂，样品中 Nb 以非晶态 Nb_2O_5 物种存在，无定形 Nb_2O_5 相可以促进 Ni 活性相的分散，但当铌含量较高时，存在 Nb-Ni-O 混合相。Nb/Ni（摩尔比）不同使 Ni 晶粒的尺寸及形貌存在差异。当 Ni/Nb 为 0.9/0.1 时，样品表面层疏松，呈现均匀的球形纳米颗粒及裂缝孔，比表面积（168.9 m^2/g）和孔容（0.368 cm^3/g）达到最大，平均孔径 4.7 nm，催化活性最高。

② $Ni_{0.9}Nb_{0.1}$ 催化剂对苯甲醚的加氢脱氧性能优于单质 Ni。对脱氧产物

环己烷的选择性约为体相镍的 10 倍。在 240℃、3MPa 的条件下反应 4h，苯甲醚几乎完全生成环己烷，其转化率及脱氧率均达到 100%。根据实验得到的液体产物，得出苯甲醚 HDO 遵循 HYD 路线。催化剂连续使用 6 次，苯甲醚的转化率基本不变，环己烷选择性降低 23%。

③ 采用"一锅法"制备了 Ni-Nb-P 催化剂，Nb 以无定形的 $NbOPO_4$ 物种存在。不同 pH 值和 Ni/Nb 比值对 Ni 存在的物质形态有影响，主要以 Ni_3P 或 Ni 单质形态存在，且催化剂比表面积、孔容、孔径均有差异。催化剂为均匀片状纳米结构，金属颗粒分布均匀，且以 30~50nm 颗粒为主；Ni-Nb-P 催化剂主要以中强酸及强酸位为主，酸中心主要为路易斯酸，为木质素衍生加氢脱氧反应提供所需的更多的活性中心。

④ Ni-Nb-P 双功能催化剂在木质素衍生含氧化合物的转化中表现出优异的加氢脱氧性能，且反应条件较为温和。不同 pH 值和不同 Ni/Nb 比值的 Ni-Nb-P 催化剂对苯甲醚的加氢脱氧性能不同，当 Ni/Nb=1.5 时，催化活性最佳；在 180℃反应 3h，均可以将几种常见的木质素衍生物全部转化；且 Ni-Nb-P 催化剂对燃料的前驱体加氢脱氧性能优于 Pd/C 与 Hβ 混合催化剂。重复使用 6 次，对苯甲醚和苯酚的催化活性几乎未降低。在 Ni-Nb-P 催化剂上，苯甲醚的加氢脱氧反应主要遵循 HYD 路线，即先加氢后脱氧路线，少量的苯甲醚通过甲基转移（TMA）路线得到甲苯；苯甲醛加氢脱氧遵循氢化-氢解路径；苯酚加氢脱氧完全经由 HYD 路径得到环己烷。

第 7 章

ZrCu/MCM-41 催化剂制备及催化油酸热解制备富烃燃料

7.1 引言

寻找适合且高效的催化剂已成为生物航油产业可持续性的一个紧迫问题。其中，对油脂进行加氢脱氧制备燃料已引起了学术研究者和工业应用的兴趣。负载金属催化剂是用于加氢脱氧的首选催化剂类型，因为活性成分和载体之间的协同作用以及其在组成中具有灵活性。支撑的存在不仅使催化剂具有良好的稳定性和一定的机械强度，而且为活性成分的良好分散提供了较大的比表面积，可以有效地提高催化剂的性能，降低活性成分的使用。介孔分子筛由于其大的表面积、独特的多孔结构、大的孔径以及均匀的孔径分布，被认为是活性成分分散的优越载体。分子筛、金属有机框架（MOFs）、金属氧化物和一些天然物质（如浮石、硅藻土）是很好的材料。具有大比表面积的优良载体对于活性成分的良好分散和充分利用活性成分尤为重要。金属 Zr、Cu 作为贵金属代替品一直在催化加氢方面因价格低、催化效果好而受到关注，氧化锆的表面同时具有酸性位和碱性位，这有利于催化裂解，铜基催化剂是常用的金属催化剂，具有加氢、脱氢和氧化等催化性能，在化学工业中应用广泛，主要应用于甲醇水蒸气重整制氢、CO 催化氧化消除、合成甲醇、草酸二甲酯加氢合成乙二醇、加氢脱氧等领域。并且有研究表明 Zr-Cu 金属二者存在着协同反应，会在一定程度上提高催化性能。MCM-41 分子筛是具有二维立方结构的有序硅基分子筛。材料具有有组织的结构，由扩展孔的取向决定，具有高表面积和狭窄的孔径分布。因为其具有的高表面积和大孔体积，在吸附和催化方面有着巨大的潜力。

本章选用分子筛催化剂 MCM-41、ZSM-5、Hβ 和 Lay 对油酸进行催化热解并通过 GC-MS 对产物进行分析，筛选催化性能较好的分子筛。

7.2　材料与试剂

本章实验所用的试剂规格及生产厂家如表 7-1 所示。

表 7-1　化学试剂及规格

试剂名称	规格	生产厂家
油酸	99%	广东光华科技股份有限公司
甲醇	99%	上海阿拉丁生化科技股份有限公司
硝酸锆	99%	上海阿拉丁生化科技股份有限公司
硝酸铜	99%	上海阿拉丁生化科技股份有限公司
Lay	$SiO_2/Al_2O_3 = 5.5$	天津南化催化剂有限公司
MCM-41	$SiO_2/Al_2O_3 = 28$	天津南化催化剂有限公司
ZSM-5	$SiO_2/Al_2O_3 = 25$	天津南化催化剂有限公司
Hβ	$SiO_2/Al_2O_3 = 2.5$	天津南化催化剂有限公司

本章实验所用的仪器型号及厂家见表 7-2。

表 7-2　实验仪器

设备名称	型号	生产厂家
集热式恒温加热磁力搅拌器	DF-101D	巩义市予华仪器有限责任公司
恒温鼓风干燥箱	GZX-GF101	上海跃进医疗器械有限公司
马弗炉	Zncl-gs00＊70	天津奥展科技有限公司
管式高温炉	OTF-1200X	合肥科晶材料技术有限公司
热解反应器系统	AZ-FX-100	天津奥展科技有限公司
气相色谱质谱联用仪	ITQ900	赛默飞世尔科技公司
全自动化学吸附仪	AutoChem Ⅱ 2920	美国麦克仪器公司
扫描电子显微镜	Regulus8100	日本日立公司
X 射线衍射仪	D8 Advance	德国布鲁克公司
透射电子显微镜	JEM-2100F	日本电子(JEOL)公司
傅里叶红外光谱仪	TENSOR 27	德国布鲁克公司
热重分析仪	TG209F3	德国耐驰仪器制造有限公司

7.3　制备方法

7.3.1　催化剂的制备

将 MCM-41、ZSM-5、Lay、Hβ 等分子筛置于真空干燥箱中 150℃ 干燥

12h，随后置于马弗炉中 550℃活化 5h，备用。

采用浸渍法制备了单金属（12％ Zr/MCM-41 和 12％ Cu/MCM-41）和一系列双金属催化剂（xZr-yCu/MCM-41，摩尔比）。其步骤简述如下：称取一定质量的 $Zr(NO_3)_2 \cdot 6H_2O$ 和 $Cu(NO_3)_2 \cdot 6H_2O$ 分别溶于去离子水和无水乙醇中，待充分溶解之后将二者混合形成溶液 A。称取 3.0g MCM-41 载体加入溶液 A 中得到浑浊液 B，将 B 置于油浴锅 80℃中充分加热搅拌使其充分混合。待溶剂挥发后将固体沉淀研磨后置于烘箱干燥 5h，再转移至马弗炉中程序升温至 550℃，保持 4h。将煅烧后的催化剂放置管式炉中并在 H_2 氛围中以 5℃/min 升温至 550℃还原 4h。

7.3.2 油酸催化热解

称取一定质量催化剂采用石英棉将其固定在固定床的不锈钢管中。然后程序升温至设定温度。以高纯氮气为保护气排空装置中的氧气，待到达设定温度后通过泵将油酸和甲醇按照一定的流速传送至反应器，反应 30min，热解产物通过冷却收集，采用 GC-MS 对产物进行检测。

7.3.3 催化剂结构表征

制备的 ZrCu/MCM-41 催化剂采用 XRD、BET、SEM 等进行分析，其测试条件与 6.4 节相同。

7.4 结果与讨论

7.4.1 常用分子筛表征及其催化油酸热解脱氧性能研究

分子筛的 XRD 谱图如图 7-1 所示。由图可知 ZSM-5、Hβ、Lay 都存在尖锐的衍射峰，说明分子筛中含有晶体结构。而 MCM-41 分子筛则是以无定形的结构形式存在。Lay 的 XRD 图样是典型的 Y 沸石，在（111）、（220）、（331）、（533）和（555）平面上表现出尖锐而对称的反射，具有 FAU 结构的特征。ZSM-5 样品在值为 8°和 23°处表现出属于 MFI 型沸石的典型峰；Hβ 分子筛在 7.80°、13.44°、21.41°、22.43°、25.30°、27.03°、28.72°和 29.53°处出现衍射峰，这些衍射峰全部归属于 Hβ 分子筛 BEA 拓扑结构的特征衍射峰。

分子筛的结构特征如表 7-3 所示。从表中可以看出 MCM-41 的比表面积最

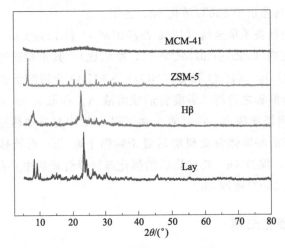

图 7-1　分子筛的 XRD 谱图

大（728.11m²/g），其次是 Lay 分子筛，ZSM-5 比表面积最小，仅为 340.52m²/g。MCM-41 的平均孔径为 3.82nm，主要以介孔为主，相关研究表明催化剂的比表面积及孔径对催化性能影响较大，较大的比表面积有利于热解反应的进行。

表 7-3　分子筛的比表面积、孔径

样品	比表面积/(m²/g)	平均孔径/nm	平均孔容/(cm³/g)
MCM-41	728.11	3.82	0.39
Lay	687.05	2.31	0.24
ZSM-5	340.52	0.50	0.15
Hβ	601.60	2.90	0.43

常见分子筛对油酸催化热解转化率及产物的分布如表 7-4 和图 7-2 所示。由表 7-4 可以看出，当不使用分子筛作为催化剂时，油酸的转化率仅为 10.21%，碳氢化合物得率仅为 4.23%；当使用分子筛作为催化剂时，油酸的转化率：Lay＞MCM-41＞Hβ＞ZSM-5；当 Lay 和 MCM-41 作为催化剂时碳氢化合物的得率均超过 20%，优于 Hβ 和 ZSM-5。

表 7-4　常见分子筛对油酸催化热解性能

分子筛	转化率/%	碳氢化合物得率/%
ZSM-5	80.65	15.23
Hβ	82.47	11.81
MCM-41	98.22	20.24
Lay	100	24.12
无催化剂	10.21	4.23

由图 7-2 可知不同的分子筛作催化剂，油酸热解产物分布差异较大。其中 Lay 碳氢化合物中 $C_8 \sim C_{17}$ 选择率达到 16％，其次是 MCM-41 分子筛，$C_8 \sim C_{17}$ 选择率在 10％。其他两种分子筛反应后产物在碳氢化合物中 $C_8 \sim C_{17}$ 选择率更低。表明了分子筛无法直接被利用进行油酸的热解催化，为了进一步提高催化剂碳氢化合物的得率，采用催化性能较好的分子筛 Lay、MCM-41 作为载体，制备双金属催化剂，提高催化性能。

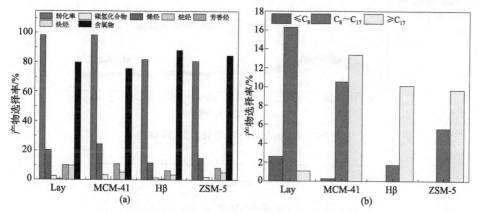

图 7-2　常见分子筛催化热解油酸产物分布

7.4.2　ZrCu/MCM-41 结构表征

催化剂的 XRD 谱图如图 7-3 所示。可以看出，负载金属后分子筛骨架未发生变化。其中 ZrO_2 的特征峰出现在 2θ 为 35.7°、51.5°、64.3°处，与 PDF 34-0657 卡片一致。2θ 为 35.5°、38.7°、48.8°处，与 PDF48-1548 卡片一致，是 CuO 的特征峰，说明锆和铜金属是以氧化物的形式存在的。催化剂 2Zr-Cu/MCM-41 的 XRD 谱图中无明显的特征峰，说明 Zr 和 Cu 分布均匀。2θ 为 35.6°、50.9°、70.6°处，是 Zr-Cu 合金特征峰，与 PDF22-0233 卡片一致，说明锆和铜在负载过程中形成了合金。

由图 7-4 可知，$3450 cm^{-1}$ 和 $1650 cm^{-1}$ 分别为水分子—OH 键的振动吸收峰。$458 cm^{-1}$、$800 cm^{-1}$ 和 $1250 cm^{-1}$ 是 Si—O 基团的对称和不对称伸缩振动引起的。负载后 $x Zr-y Cu/MCM-41$ 催化剂与分子筛 MCM-41 吸收峰基本一致。说明金属的引入并未破坏 MCM-41 的基本骨架结构。

负载前后催化剂的吸附脱附曲线、孔径分布及催化剂结构特征如图 7-5 及表 7-5 所示。Ⅳ型等温线是介孔材料的典型特征，由图可知负载前后催化剂等

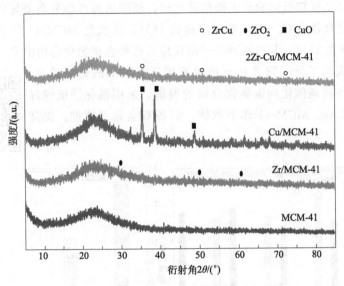

图 7-3　ZrCu/MCM-41 催化剂的 XRD 图

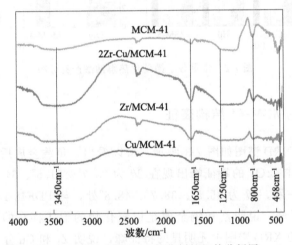

图 7-4　ZrCu/MCM-41 催化剂的红外分析图

温线属于 Ⅳ 型等温线。由表可知负载金属后催化剂与负载前分子筛 MCM-41 相比，其表面积降低，平均粒径增大，说明金属颗粒成功负载到分子筛表面甚至进入孔道中；负载铜后 Cu/MCM-41 的比表面积（614.91m²/g）较负载锆后 Zr/MCM-41 的比表面积（718.77m²/g）小。负载双金属催化剂的比表面积比负载单金属催化剂的小可能是因为 Zr-Cu 形成了合金使得孔隙阻塞导致比表面积的下降。

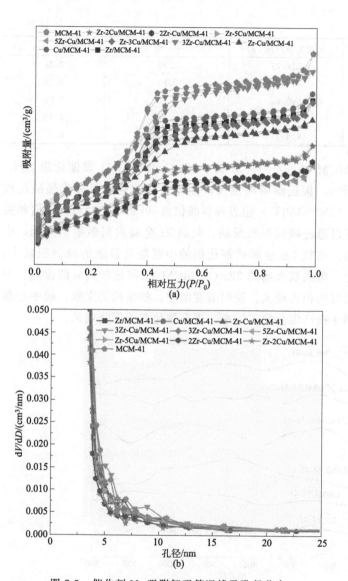

图 7-5　催化剂 N_2 吸附解吸等温线及孔径分布

表 7-5　催化剂的结构特性

催化剂	比表面积/(m²/g)	平均孔径/nm	平均孔容/(cm³/g)
MCM-41	728.11	3.45	0.39
Zr-Cu/MCM-41	371.52	4.01	0.27
2Zr-Cu/MCM-41	613.07	3.82	0.15
3Zr-Cu/MCM-41	396.06	3.86	0.37
5Zr-Cu/MCM-41	384.25	4.06	0.14

续表

催化剂	比表面积/(m²/g)	平均孔径/nm	平均孔容/(cm³/g)
Zr/MCM-41	718.77	3.85	0.26
Zr-2Cu/MCM-41	440.82	3.91	0.19
Zr-3Cu/MCM-41	540.62	3.86	0.29
Zr-5Cu/MCM-41	575.58	3.86	0.19
Cu/MCM-41	614.91	3.77	0.30

MCM-41、Cu/MCM-41、Zr/MCM-41、2Zr-Cu/MCM-41 等催化剂 NH_3-TPD 曲线如图 7-6 所示。根据解吸峰温度，固体表面酸强度可分为强酸位点（＞450℃）、中强酸（250～450℃）位点和弱酸位点（150～250℃）。根据相关研究，催化剂酸量可以通过峰面积来反映。负载 Zr 金属后弱酸酸值降低，中强酸和强酸酸度增强。负载 Cu 金属后催化剂的中强酸及强酸的峰面积减小，所对应的酸量也降低。负载双金属的 2Zr-Cu/MCM-41 催化剂其弱酸位点、中强酸及强酸酸位点的峰面积均较大，说明酸度增加。根据相关文献，酸中心和酸强度的增加，有利于提高催化脱氧效率，提高催化剂的催化效果。

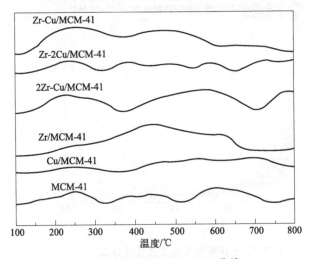

图 7-6　催化剂的 NH_3-TPD 曲线

分子筛及催化剂的 SEM 图如 7-7 所示。介孔 MCM-41 的形态呈有序的"蜂巢状"多孔结构，分散度相对均匀，团聚程度较少。负载金属后所制备的催化剂仍保持了多孔结构但存在着团聚现象。

催化剂 2Zr-Cu/MCM-41 的 EDS 图如 7-8 所示。由图可以看出 Zr、Cu 等金属粒子均匀地分散在催化剂表面，同时金属的负载量与计算量相近。

图 7-9 TEM 的图像进一步证明了分子筛以及所制备的催化剂的蜂巢状的介

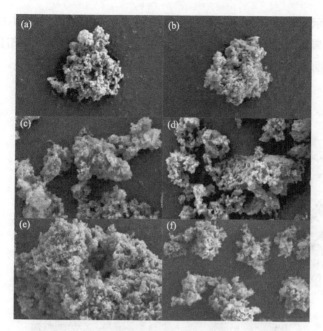

图 7-7 分子筛及催化剂的 SEM 图

(a) MCM-41; (b) Zr/MCM-41; (c) Cu/MCM-41; (d) 2Zr-Cu/MCM-41;
(e) Zr-2Cu/MCM-41; (f) Zr-Cu/MCM-41

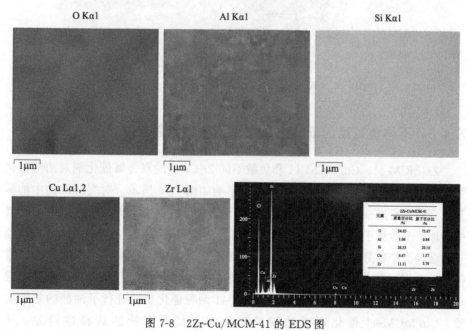

图 7-8 2Zr-Cu/MCM-41 的 EDS 图

孔结构，其中孔道显示为黑色，与分子筛相比制备的催化剂 2Zr-Cu/MCM-41 黑色区域增大，说明金属颗粒成功进入 MCM-41 的孔道中。其次与分子筛相比所制备的催化剂存在着明显晶格，说明了金属颗粒成功地负载到了分子筛上。

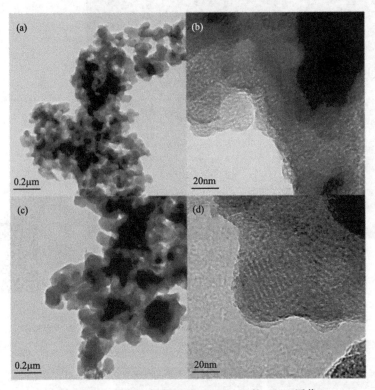

图 7-9　MCM-41 与 2Zr-Cu/MCM-41 的 TEM 图像

7.4.3　不同负载比的双金属催化剂对油酸裂解烃类产物的影响

　　Zr/MCM-41、Cu/MCM-41 和负载不同 Zr-Cu 比的双金属催化剂对油酸催化热解生成烃类产物的转化率和选择性的影响如图 7-10 所示。对裂解产物中的碳氢化合物进行进一步分类，可按照碳原子的个数分为 $\leqslant C_8$、$C_8 \sim C_{17}$、$\geqslant C_{17}$，其中碳原子个数属于 $C_8 \sim C_{17}$ 的烃类产物可作为航空燃油。图 7-10(b) 为不同碳原子数量烃类产物分布情况。由图可知未使用催化剂时，对油酸热解的催化效果很差，油酸的转化率仅有 5%，产物中烃类化合物选择性仅为 4%。通过负载单金属制备了 Cu/MCM-41 和 Zr/MCM-41 两种催化剂并进行了油酸的热解实验，Cu/MCM-41 催化剂对油酸的转化率及烃类产物的选择性较差，而Zr/MCM-41 催化油酸的转化率以及烃类化合物产率均有所提高。可能与催化剂的酸性及比表面积有关。

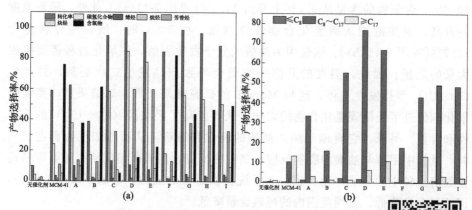

图 7-10　不同催化剂负载比对油酸转化率及产物分布的影响

较大的比表面积有利于催化剂更好地参与催化热解进而促进反应，再结合 BET 测试结果来看，Zr/MCM-41 的比表面积为 718.771m^2/g，大于 Cu/MCM-41 的比表面积 614.91m^2/g，这也许是 Zr/MCM-41 催化效果高于 Cu/MCM-41 的原因。不同 Zr-Cu 比的双金属催化剂 ZrCu/MCM-41，对油酸的催化热解性能也不相同。负载双金属后的催化剂可以有效提高油酸的转化率，与分子筛相比，碳氢化合物选择性显著增加，随着 Zr 含量增加，当 Zr-Cu 比达到 2∶1（摩尔比）时，转化率从 58.6% 增加到了 100% 时，脱氧效率提高，碳氢化合物产率达到 90.56%。同时，随着 Zr 含量的增加，芳烃和 C$_8$～C$_{17}$ 的含量增加，烯烃含量降低。结果表明，高活性锆的存在有效地加速了热解反应，但过多的锆使催化效果反而减弱，是因为 Cu 和 Zr 之间的相互作用可以调节催化剂表面 Cu$^+$ 和 Cu^{2+} 的比例，而过高的锆含量则影响了金属铜在催化剂表面上的分散。以 2Zr-Cu/MCM-41 作为催化剂，油酸几乎全部转化，烃类化合物产率达到 90.56%，适合做航空燃油，碳原子个数为 C$_7$～C$_{18}$ 的烃类产率达到 76.68%。这可能是由于 Zr 修饰的催化剂具有更丰富的酸性位点。2Zr-Cu/MCM-41 酸值最高、强酸位点对应的酸性最大，2Zr-Cu/MCM-41 的比表面积大，催化效果较好。

7.4.4　工艺参数对油酸和甲醇催化共热解升级的影响

从图 7-11 可以看出随着热解温度的逐渐升高，反应系统中原料的转化率也随之增大，直到热解温度达到 500℃，原料完全转化，随着温度的进一步升高，系统中的原料仍然被完全转化，但碳氢化合物的含量随着温度的升高而降低。在 500～550℃ 的温度范围内，碳氢化合物的含量从 90.6％ 下降到 70.5％，含氧物的含量从 9.4％ 上升到 29.5％ [见图 7-11(a)]。此外，随着温度的升高，航油范围的碳氢化合物含量增加，在 500℃ 时，航油组分含量为 76.7％ [见图 7-11(b)]。这是因为油酸大分子发生裂解，脱氧化过程需要吸收大量的热量。因此，温度的升高一方面会导致产品发生二次裂解，并产生 CO、CO_2 等挥发性气体，这与 Morgan 的研究结果一致。其结果是，高温使催化剂促进了长链碳氢化合物的裂化，从而提高了轻烷烃（C_8～C_{17}）的选择性和含量。另外，它有助于加速油酸的转化和裂解，从而增加反应程度。同时，系统中甲醇与油酸的脱氢反应也是吸热反应，但最高温度使甲醇更容易迅速裂解成较小的分子产物，难以为系统提供足够的氢源，限制了反应的进行，因此烃含量降低，航油范围内的燃料含量降低。

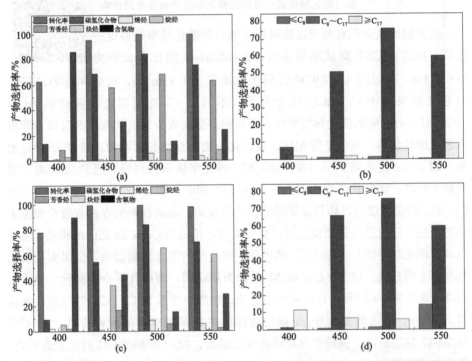

图 7-11　热解温度（a）、(b) 和催化温度（c）、(d) 对油酸和甲醇共热解产物选择性的影响

同时，随着催化温度的升高，原料的转化率从 27.3％ 提高到 100％，烃类含量先是增加，然后显著下降。其中，芳香族含量随着温度的升高而显著增加，烯烃和烷烃含量先增加后降低，含氧物含量随着温度的升高而降低。同时，汽油范围内的

燃料随着温度的升高而先增加,然后减少,而 $C_8 \sim C_{17}$ 范围内的燃料则与之相反。这是因为原料的热解蒸气与催化剂表面的联合作用,异构化反应作为一个典型的吸热反应,反应的程度随着温度的升高而增加。随着温度的逐渐升高,油酸的裂解和长链烃的吸热断裂进一步加速,导致其含量的增加。

在 2Zr-Cu/MCM-41 催化剂的条件下醇油比(体积比)对油酸转化率及产物选择性的影响如图 7-12(a)、(b)所示。由图可知,醇油比对油酸的转化率有着直接的影响,在无氢源甲醇(在没有氢气的条件下,以甲醇为氢源)时,油酸的转化率仅为 48%,其中的碳氢化合物仅为 35%,油酸的转化率随甲醇量的增加而增大,直到醇油比为 3:1 时转化率达到了 100%,之后醇油比增大转化率不变,但产物中烃类化合物则从 35% 增加到了 90.56%。因为甲醇在油酸转化过程中提供了足够的氢源进而使得氧原子以 CO_2、H_2O 的形式去除。一方面,烃类产物中碳原子个数在 8~17 时烃类随醇油比的增加而增大,另一方面,碳原子个数大于 17 的烃类也随之增加,这可能是由于大量的甲醇使得反应体系中氧原子含量增加,影响了催化剂对油酸的转化,进而使得大分子的裂化反应受到影响。

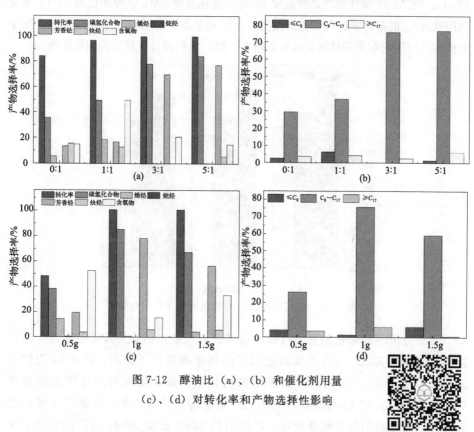

图 7-12　醇油比(a)、(b)和催化剂用量
(c)、(d)对转化率和产物选择性影响

在 2Zr-Cu/MCM-41 催化剂的条件下，催化剂克数对油酸转化率及产物选择性的影响如图 7-12(c)、(d)所示。从图中可以看出，随着催化剂用量的增加，烃类、芳烃、烷烃和烯烃的转化率呈先增加后降低的趋势。同时，碳原子个数 $\leqslant C_8$、$C_8 \sim C_{17}$、$\geqslant C_{17}$ 范围内的碳氢含量也有类似的趋势。这是因为催化剂含量低（0.5g）会导致原料聚合并产生更多的含氧物和其他产物；在较高的催化剂量（1g）下，系统中的脱氧程度和转化率较高，这是因为催化剂表面活性位点数量增加，使油酸分子和活性位点充分接触，反应程度提高，脱氧活性增大；当催化剂量过高（1.5g）时，系统中的传质和传热系数的增大，阻碍催化反应，使得转化率、烃含量降低。

7.4.5 催化剂的稳定性及失活分析

反应结束后，使用过的催化剂采用乙醇浸泡洗涤、真空干燥，然后在管式炉 550℃煅烧 4h，去除残留有机物，并在相同的反应条件下用于下一次实验。2Zr-Cu/MCM-41 催化剂在热解温度 500℃、催化温度 500℃、醇油比为 5∶1、催化剂用量为 1g 的条件下进行了重复性实验，结果如图 7-13 所示。由图可知，3 次重复性实验过后的催化剂其催化效果虽略有下降，但仍保持了较好的催化性能。

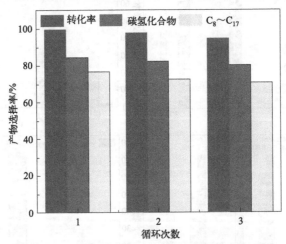

图 7-13　2Zr-Cu/MCM-41 催化剂循环使用性能

为了分析不同催化剂重整过程中焦炭的沉积量和性质及其对催化剂失活的影响，采用了 XRD、TG 方法对使用后的催化剂进行了分析。图 7-14 为使用前后分子筛与 2Zr-Cu/MCM-41 催化剂的热重曲线，由图可知使用后的分子筛、2Zr-Cu/MCM-41 与使用前的相比其重量损失较为严重，可能是由使用之后在其表面覆盖的积炭燃烧所致。使用后的 2Zr-Cu/MCM-41 与使用后分子筛质量损失相比较小，这表明金属的加入使得其抗积碳能力得到了有效提高。其次分子筛 MCM-41 在较低温度下就开始了分解，而 2Zr-Cu/MCM-41 催化剂的分解温度有所提高，这表明金属的加入有效地提高了催化剂的热稳定性，避免了高温热解过程中的结构坍塌或积炭生成，说明改性催化剂具有较好的抗焦化性能。

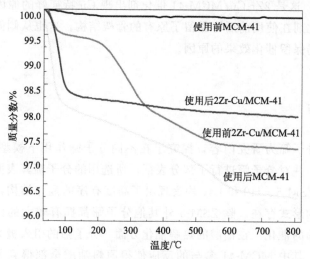

图 7-14　分子筛及催化剂使用前后的 TG 图

使用前的分子筛与催化剂的 XRD 如图 7-3 所示，使用后的分子筛与催化剂的 XRD 如图 7-15 所示。可以看出分子筛在反应前后未发生结构性变化，其

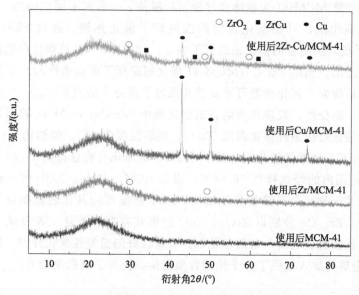

图 7-15　使用后分子筛及催化剂的 XRD 谱图

峰值略有下降。Cu/MCM-41 催化剂在反应之后 CuO 被还原为 Cu，其特征峰值为 $2\theta=43.3°$、$50.4°$、$74.1°$ 处，这是由于 CuO 在催化过程中在高温的作用下与生成的 C 反应使得氧原子以 CO_2 的形式排除，故 CuO 的峰消失不见。2Zr-Cu/MCM-41 催化剂中的部分 ZrCu 合金中的 Cu 先被氧化成 CuO，后又被 C 还原为 Cu，这是 2Zr-Cu/MCM-41 催化剂出现 Cu 特征峰的原因。整体来看分子筛与催化剂在使用前后皆保留了原有的骨架结构，这也从侧面解释了催化剂多次使用仍保留催化效果的原因。

7.5 小结

本章以分子筛为研究内容，探究了在不同分子筛作用下模型油-油酸的催化热解反应，并对分子筛进行了部分表征。所选用的分子筛其表面形态各有不同。分子筛 ZSM-5、Hβ 和 Lay 均表现出了高度有序的晶体结构，MCM-41 则是以无定形的形式存在。除 ZSM-5 外其他分子筛都拥有较大的比表面积，这有利于分子筛的催化。在油酸的热解催化方面，分子筛的引入极大地提高了油酸的转化率，其中 MCM-41 参与的反应使得原料油酸全部得到了转化。尽管分子筛参与反应使得油酸转化率大幅提高，但产物中符合航油的选择性较低，这是因为分子筛虽然具备酸性位点却缺少了金属活性位点，故将在下文中对表现优异的 Lay、MCM-41 分子筛进行金属负载制备双功能的多金属催化剂。

以分子筛 MCM-41 为载体通过浸渍法制备了一系列不同比例的 xZr-yCu/MCM-41 催化剂，对模型化合物油酸进行了催化热解；通过 SEM、TEM、XRD 等手段对所制备的催化剂进行了表征。利用 GC-MS 对催化产物进行了分析并归纳总结。利用 2Zr-Cu/MCM-41 催化剂探究了反应条件对产率及产物的影响，最后研究了催化剂的可重复性并探讨了部分失活的原因。

通过产物分析，发现在所制备的催化剂中 2Zr-Cu/MCM-41 的催化性能最佳，在其最佳反应条件催化温度 500℃、热解温度 500℃、醇油比 5∶1、催化剂 1g 条件下，油酸的转化率达到了 100%、碳氢化合物选择性 90.56%、C_8～C_{17} 航油范围内的烃选择性 76.68%。根据 SEM、TEM、XRD 等分析可知金属的负载并未改变分子筛的骨架结构，BET 数据可知其比表面积以及孔径等特性良好。Zr、Cu 分别以 ZrO_2、CuO 的形式存在，并且二者形成了金属合金。重复性实验表明所制备的催化剂拥有着较好的重复性催化性能，这是由于 Zr、Cu 金属的加入加强了分子筛的骨架结构，提高了抗积炭能力。

第8章

NiCe/Lay 催化剂的制备及催化油酸制备富烃燃料

8.1 引言

NiO 和 CeO$_2$ 作为传统的金属氧化物，一直以来在催化热解领域受到了较多关注，有着较好热解催化效果和物理性能。Ni 金属具有极佳的性能，它同时具有良好的活性和选择性。此外与其他金属相比，Ni 金属的价格便宜。Ce 金属具有极好的氧化还原能力，并凭借广泛且廉价的优势被广泛用作催化剂的活性剂或活性成分。Lay 分子筛是 USY 分子筛经 H 原子改性后的 Y 型分子筛，Lay 分子筛具有中晶胞、高结晶度、高骨架硅铝比和低氧化钠的特点，是生产高性能加氢裂化催化剂的优选材料。本章通过浸渍法制备了一系列不同比例 xNiyCe/Lay 催化剂，确定了催化剂的催化效果，考察反应条件的影响。探究了反应机理以及催化剂的稳定性。

8.2 材料与试剂

本章实验所用的试剂规格及生产厂家如表 8-1 所示。

表 8-1 化学试剂及规格

试剂名称	规格	生产厂家
油酸	99%	广东光华科技股份有限公司
甲醇	99%	上海阿拉丁生化科技股份有限公司

续表

试剂名称	规格	生产厂家
硝酸镍	99%	上海阿拉丁生化科技股份有限公司
硝酸铈	99%	上海阿拉丁生化科技股份有限公司
Lay	$SiO_2/Al_2O_3=5.5$	天津南化催化剂有限公司

本章实验所用的仪器型号及厂家见表 8-2。

表 8-2 实验仪器

设备名称	型号	生产厂家
集热式恒温加热磁力搅拌器	DF-101D	巩义市予华仪器有限责任公司
恒温鼓风干燥箱	GZX-GF101	上海跃进医疗器械有限公司
马弗炉	Zncl-gs00*70	天津奥展科技有限公司
管式高温炉	OTF-1200X	合肥科晶材料技术有限公司
热解反应器系统	AZ-FX-100	天津奥展科技有限公司
气相色谱质谱联用仪	ITQ900	赛默飞世尔科技公司
全自动化学吸附仪	AutoChem II 2920	美国麦克仪器公司
扫描电子显微镜	Regulus8100	日本日立公司
X射线衍射仪	D8 Advance	德国布鲁克公司
透射电子显微镜	JEM-2100F	日本电子(JEOL)公司
傅里叶红外光谱仪	TENSOR 27	德国布鲁克公司
热重分析仪	TG209F3	德国耐驰仪器制造有限公司

8.3 制备方法

8.3.1 催化剂的制备

采用浸渍法制备了单金属（12% Ce/Lay 和 12% Ni/Lay）和一系列双金属催化剂（xNiyCe/Lay）。将计算量的 Ni（NO$_3$）$_2$·6H$_2$O 和 CeH$_{12}$N$_3$O$_{15}$ 分别溶于去离子水、无水乙醇中，待充分溶解之后将二者混合形成溶液 A。称取 3.0g Lay 载体溶解于溶液 A 中得到乳浊液 B，将 B 置于油浴锅中 80℃充分加热搅拌使其充分混合。待溶剂挥发后将固体沉淀研磨后放置在坩埚中，放入马弗炉中程序升温至 550℃，并保持 4h。将煅烧后的催化剂放置于管式炉中并在 H$_2$ 氛围中以 5℃/min 升温至 550℃还原 4h。

8.3.2 油酸催化热解

油酸及油脂的裂解方法与 7.3.2 节相同。

8.3.3 催化剂结构表征

制备的 NiCe/Lay 催化剂采用 XRD、BET、SEM 等进行分析,其测试条件与 6.4 节相同。

8.4 结果与讨论

8.4.1 催化剂结构分析

Lay 载体及其负载金属后的 XRD 谱图如图 8-1 所示。由图可知,2θ 在 37.25°、43.28°、62.85°的衍射峰分别对应于 NiO 的 (111)、(200)、(220) 晶面,说明催化剂中 Ni 金属以 NiO 形式存在,这与 Zhang 的研究一致;2θ 在 28.55°、33.08°、47.47°的衍射峰为 CeO_2 特征衍射峰,说明催化剂中 Ce 金属以 CeO_2 形式存在,与 Wang 报道一致。负载 Ni 和 Ce 的特征峰不明显,说明负载金属以无定形的形式存在于载体表面且分散较好。当催化剂中负载金属 Ce 含量较高,Ni 金属含量较低 (Ce/Lay、Ni-3Ce/Lay) 时,载体 Lay 的衍射峰未发生改变,说明 Lay 的晶体结构未破坏,保留了 Lay 原有介孔结构;当负载金属 Ni 负载量较高 (Ni/Lay、3Ni-Ce/Lay) 时,载体 Lay 的衍射峰峰值降低,结晶度下降,可能部分结构被破坏。

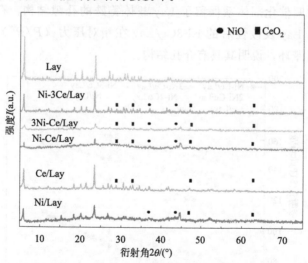

图 8-1 Lay 载体及其负载金属后的 XRD 谱图

载体 Lay 及负载金属后的催化剂 FTIR 谱图如图 8-2 所示。由图可知,

$3450cm^{-1}$ 附近出现的一个宽吸收带可归结为吸附水的伸缩振动，$1650cm^{-1}$ 附近出现的弱吸收表示水分子的弯曲振动。据报道，在 $450\sim1200cm^{-1}$ 左右的吸收峰是区分不同类型沸石的重要指标。Y 型沸石的典型特征振动在 $450cm^{-1}$、$590cm^{-1}$、$730cm^{-1}$、$790cm^{-1}$、$1050cm^{-1}$ 和 $1100cm^{-1}$，说明负载后的 Lay 分子筛保留了原有结构。

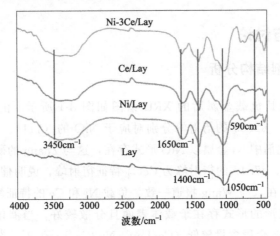

图 8-2　催化剂 FTIR 谱图

图 8-3 和表 8-3 显示了不同比例负载催化剂的 N_2 吸附-解吸等温线和结构特征。由图可知，载体及负载后的催化剂均表现出 I 型和 IV 型的吸附-解吸等温曲线，这说明催化剂体系保留了 Lay 载体特殊的孔隙结构，存在较小的介孔。可以看出 Lay 及改性后的 Ni-3Ce/Lay 在相对压力（P/P_0）为 0.4 附近出现明显的迟滞环，说明其具有介孔结构。

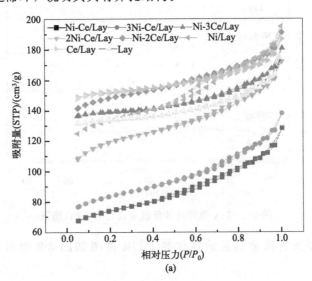

(a)

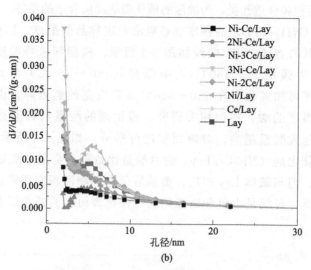

(b)

图 8-3　催化剂 N₂ 吸附-解吸等温线及孔径分布

表 8-3　催化剂的结构特性

催化剂	比表面积 /(m²/g)①	微孔比表面积 /(m²/g)②	外表面比表面积 /(m²/g)②	总孔体积 /(mL/g)③	介孔体积 /(mL/g)④	微孔体积 /(mL/g)②	孔径 /nm⑤
Lay	687	620	67	0.38	0.14	0.24	2.30
Ce/Lay	460.50	423.99	36.51	0.269	0.049	0.219	2.34
Ni/Lay	414.25	318.23	96.02	0.279	0.114	0.164	2.69
Ni-3Ce/Lay	452.15	378.72	73.42	0.279	0.082	0.196	2.43
Ni-2Ce/Lay	418.85	393.87	24.98	0.256	0.051	0.204	2.44
Ni-Ce/Lay	372.15	258.79	113.35	0.244	0.109	0.134	2.63
2Ni-Ce/Lay	263.30	179.10	84.19	0.192	0.099	0.093	2.92
3Ni-Ce/Lay	233.99	154.21	79.78	0.177	0.097	0.080	3.03

①、⑤：氮气吸附（BET 方法）测量。

②：$P/P_0 = 0.95$，BJH 分析。

③：氮气吸附（t-plot 方法）测量。

④：差值法。

　　由表 8-3 可知，负载金属后的催化剂与 Lay 载体相比，其比表面积减小，孔径增大。这是由于金属的加入，部分金属进入载体内部或积聚在载体的表面，造成一定程度的堵塞，导致其比表面积减小。此外，堵塞毛孔的大部分为微孔，因此总体平均孔径增大。一般来说，具有合适孔径、孔体积和更大比表面积的介孔催化剂可以为生物基大分子的催化热解提供条件。由表可知 Ni-3Ce/Lay 具有较大的比表面积和合适孔径，为油酸的催化裂解提供合适的条件。

用氨气（NH$_3$-TPD）的程序热解吸法测定样品的酸度。Lay 载体及负载金属后催化剂的 NH$_3$-TPD 曲线如图 8-4 所示。根据解吸峰温度，固体表面酸强度可分为强酸（＞450℃），中强酸（250～450℃）和弱酸（150～250℃）。由图可知催化剂在 150～600℃具有很宽的解吸峰，说明催化剂具有三种不同强度的酸；根据相关研究，催化剂的酸量可以通过峰面积来反映，峰面积越大酸量越高，对峰面积进行积分，如表 8-4 所示。由表可知，负载双金属催化剂（Ni-3Ce/Lay）的总酸量比负载单金属总酸量（Ni/Lay 和 Ce/Lay）大；但与载体 Lay 相比，负载后催化剂峰面积有所降低。说明路易斯酸含量下降，可能是由负载后催化剂孔径比表面积的减小以及活性位点的覆盖导致。

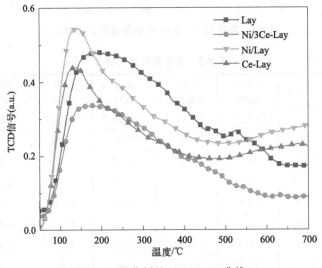

图 8-4　催化剂的 NH$_3$-TPD 曲线

表 8-4　催化剂酸量

催化剂	Lay	Ni/Lay	Ce/Lay	Ni-3Ce/Lay
总酸量/(mgKOH/g)	125.38	87.56	84.11	105.98

载体 Lay 和负载双金属后的催化剂 Ni-3Ce/Lay 的扫描电子显微镜（SEM）如图 8-5 所示。由图可知 Lay 分子筛是晶体结构，呈方糖状。负载金属后 Ni-3Ce/Lay 晶体结构未变，在晶体的表面有碎小颗粒，是负载的金属粒子，说明金属成功地负载在 Lay 分子筛上。

分子筛 Lay 与催化剂 Ni-3Ce/Lay 透射电镜（TEM）如图 8-6 所示。其形

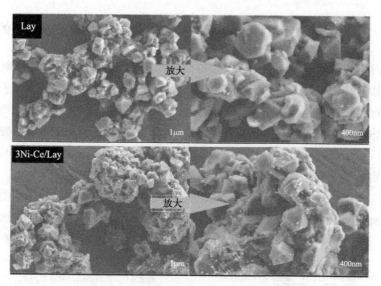

图 8-5　Lay 和 Ni-3Ce/Lay 的 SEM 图像

貌基本和扫描电镜相吻合，晶体结构形状规则、轮廓清晰，负载的金属在 TEM 图像清晰可见。

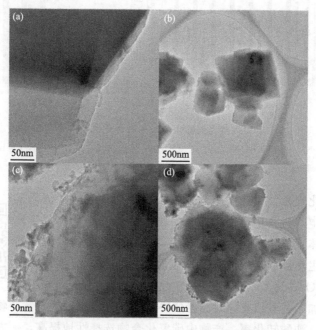

图 8-6　Lay 和 Ni-3Ce/Lay 的 TEM 图像

(a)、(b) Lay 分子筛；(c)、(d) Ni-3Ce/Lay

8.4.2 不同负载比例双金属催化剂对油酸裂解转化烃类产物的影响

Ni/Lay、Ce/Lay 以及不同负载 Ni/Ce 比的双金属催化剂对油酸裂解转化为烃类产物的转化率及选择性的影响如图 8-7 所示。由图可知，以 Lay 分子筛负载的单/双金属催化剂对油酸的转化率均超过 99.5%，说明所制备的催化剂对油酸的催化热解效果较好，但产物的选择性差异较大。可能与催化剂本身的酸性和结构有关，催化剂酸性促进脱氧过程。单金属催化剂（Ni/Lay）的加氢脱氧效果较差，产物中 $C_9 \sim C_{16}$ 的含量低，这说明 Ni/Lay 的脱羧和脱羰活性较低。当添加 Ce 金属后，Ce 粒径相对较大，在改性过程中导致比表面积和孔隙体积增大，使双金属负载型催化剂酸含量提高，催化活性提高，从而使得烃类产物选择性提高。所以双金属负载型催化剂的催化、选择效果要好于单金属催化剂及载体。

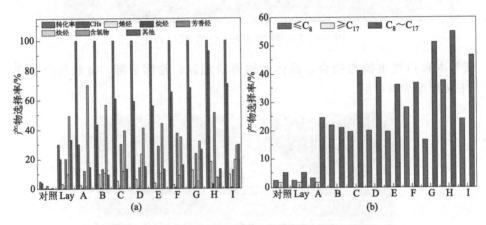

图 8-7 不同负载比例催化剂对油酸转化率及产物分布影响

A—Ni-Ce/Lay；B—Ni/Lay；C—Ce/Lay；D—5Ni-Ce/Lay；E—3Ni-Ce/Lay；
F—2Ni-Ce/Lay；G—Ni-2Ce/Lay；H—Ni-3Ce/Lay；I—Ni-5Ce/Lay

未加催化剂时，油酸在高温下仅发生热解，未经过催化重整，故产物中的含氧化合物较多，而脱氧的烃类化合物含量较少。当反应体系中引入催化剂后，随着酸性位点参与反应，油酸不仅仅发生热解而且促使体系发生脱氧反应。反应体系中的氧以 CO、CO_2、H_2O、CH_4 等挥发性气体排除。Ni、Ce 双金 属的掺杂增加了强酸位点同时二者的协同作用，使得油酸裂解产物中的烃类组分大量增加。油酸转化率、产物中碳氢化合物选择性地提高，一方面是负载催化剂体系中强酸位点的增加、总酸量的提高；另一方面则是负载后的催化剂比表面积的改变。从 BET 测试结果可以看出，负载之后的催化剂比表面积虽有

所减小但其值仍在 $200\sim400m^2/g$。这使得合适的孔径下热解气体更容易进入催化剂中，更好地被催化。对裂解产物中的碳氢化合物进行进一步分类，可按照碳原子的个数分为 $<C_8$、$C_8\sim C_{17}$、$>C_{17}$，其中碳原子个数属于 $C_8\sim C_{17}$ 的烃类产物可作为航空燃油。图 8-7（b）为不同碳原子数量的分布情况。从图中可知不添加催化剂时符合航空燃油的烃类产物含量不高，而催化剂的加入使产物中的航空燃油含量有了明显提升。

　　为了提供最终产物中碳氢化合物含量以及碳氢化合物中 $C_8\sim C_{17}$ 的含量，通过负载金属的方式对载体进行改性。改性后的催化剂和金属氧化物之间的协同作用，导致在裂解过程中碳链断裂，形成短链烷烃和烯烃，获得小分子烃。当不存在 Ce 元素时产物中的烃类符合 $C_8\sim C_{17}$ 的烃含量仅为 3.36%，而当 Ni/Ce 为 1∶3 时符合 $C_8\sim C_{17}$ 的烃产量达到了 75.06%。碳原子个数 $C_8\sim C_{17}$ 烃类化合物含量则随着 Ce 元素的增加而先增后减，这是因为油酸在活性位点作用下短链烷烃和烯烃被环化芳构化形成芳香烃。总之，Ni 金属的加入有效地促进了油酸的转化，而 Ce 金属的加入使得所观察到催化剂表面的分散度更高。

$$C_{17}H_{33}COOH + CH_3OH \Longrightarrow C_{17}H_{33}COOCH_3 + H_2O$$

$$2CH_3OH \Longrightarrow CH_3OCH_3 + H_2O$$

$$C_{18}H_{34}O_2 \xrightarrow{H_2} C_{18}H_{38} + H_2O$$

$$C_{18}H_{34}O_2 \xrightarrow{H_2} C_{17}H_{36} + CO_2$$

$$C_{18}H_{34}O_2 \xrightarrow{H_2} C_{17}H_{36} + CO + H_2O$$

　　根据实验产物提出了一种油酸裂解的反应机理，如图 8-8 所示。油酸在 N_2 氛围下被初步热解为短链的烯烃、烷烃和含氧化合物。产物中发现了庚烯，这是一种可能通过脱羧和脱羰途径获得的不饱和烃，同时产物中有 C_{17}、C_{18} 的饱和烷烃，这可能是油酸通过脱羧产生的。此外产物中也发现了大量含 C—C 单键的饱和烃，这可能是由于 β 位处 C—C 键断裂进而形成不饱和自由基。含氧物则在催化剂的作用下发生脱羧、脱羰反应生成碳氢化合物，氧原子以 CO、CO_2、H_2O 的形式去除。甲醇在催化剂的作用下发生脱水，生成二甲醚成为"烃池"；甲醇与二甲醚通过形成 C—C 进而产生了烯烃。甲醇为反应产物酚类加氢，为芳香烃提供了氢源。烯烃在 NiCe/Lay 作用下发生了芳烃化反应生成芳烃，由于添加甲醇时为反应提供甲基使芳烃发生甲基化。同时在催化剂跟高温的作用下，油酸与甲醇发生了酯化反应生成了油酸甲酯。

8.4.3　工艺参数对油酸和甲醇催化共热解升级的影响

　　以 Ni-3Ce/Lay 为催化剂，考察了热解温度、催化温度、油酸与甲醇比例、

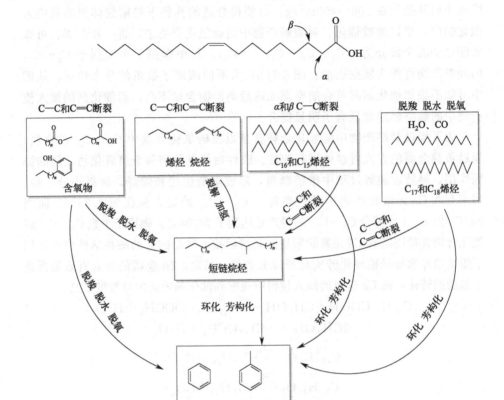

图 8-8　双金属催化剂催化油酸热解反应途径

催化剂用量等催化热解工艺参数对油酸和甲醇共热解的影响。

由图 8-9 可知，随着温度的逐渐升高，油酸几乎被全部转化，但烃类化合物的含量随之下降。热解温度从 450℃上升到 600℃过程中烃类组分含量由 92.8% 下降到 16.0%，含氧化合物的含量则由 7.2% 上升至 83.9%。可能是因为温度的升高使得反应体系中热量增加，一方面会促进脱羰、脱羧反应的进行，导致产物进行二次裂化长链分子产生 CO、CO_2 等，另一方面温度的升高使得加氢脱氧的效果受到抑制，使得产物中的碳氢化合物减少。但随着裂解温度的升高，碳氢化合物中的炔烃含量随之上升。同时随着催化温度的升高，碳氢化合物及烯烃、烷烃皆呈现先增后减的趋势，这是因为热解过程中气体的异构化是吸热反应，但当温度过高时则会抑制反应的进行。

醇油比对油酸转化率及产物选择性的影响如图 8-10 (a)、(b) 所示。由图可知，醇油比对油酸的转化率影响不大，但对选择性有较大影响。醇油比的增加提高了油酸转化碳氢化合物的选择性，这是因为甲醇为油酸转化提供了氢

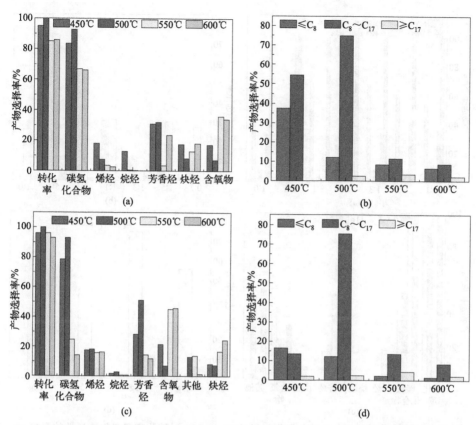

图 8-9   热解温度（a）、（b）和催化温度（c）、（d）对油酸与甲醇共热解产物选择性影响

源。较高的醇油比既补充了因高温挥发的甲醇，又降低了反应体系中的黏度。但过量的甲醇会稀释催化剂，影响催化剂参与反应，同时大量的甲醇通过屏蔽活性位点来阻止催化剂与油酸之间的相互作用。

催化剂用量对油酸转化率及产物选择性的影响如图 8-10（c）、（d）所示。由图可知，当催化剂用量由 0.5g 增加到 1g 时，产物中碳氢化合物的选择性增加，这是由于催化剂的增加提高了参与反应的活性位点的数目。但随着催化剂用量进一步增加，碳氢化合物选择性反而下降。可能是因为在催化过程中催化剂在高温下产生了积碳、发生了团聚现象，使得部分活性位点受到了屏蔽，导致实际参与催化的催化剂减少进而影响催化效果。

8.4.4   催化剂的稳定性及失活分析

催化剂工业化使用必须考虑催化剂的稳定性及可回收性，因此考察了催化剂的循环使用次数对油酸和甲醇共热解催化转化的影响，并分析了催化剂失活

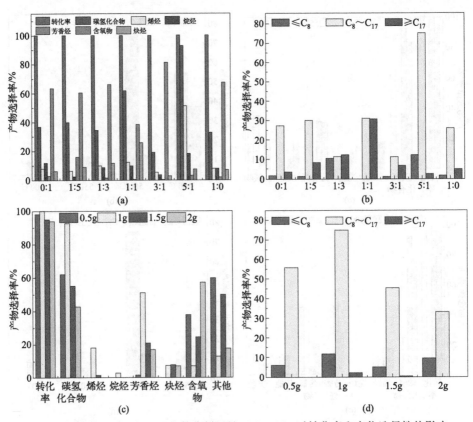

图 8-10　醇油比（a）、（b）和催化剂用量（c）、（d）对转化率和产物选择性的影响

的原因。Ni-3Ce/Lay 催化剂的重复使用条件为：热解温度 500℃，催化温度 500℃，催化剂用量 1g，醇油比 5∶1，进样速率 0.1mL/min。反应结束后，使用过的催化剂采用乙醇浸泡洗涤、真空干燥，然后在管式炉 550℃煅烧 4h，去除残留有机物，并在相同的反应条件下用于下一次实验。如图 8-11 可知，催化剂重复使用 3 次后，油酸和烃类产物（$C_8 \sim C_{17}$）的转化率有所降低，新鲜催化剂、使用一次后催化剂和使用两次后催化剂对油酸的转化率分别为 100%、98.5% 和 93.8%。3 次使用后，催化剂对碳氢化合物（$C_8 \sim C_{17}$）和脱氧率的选择性分别降低了 9.2% 和 4.7%，可能是焦化堵塞了催化剂的部分毛孔和酸性位点。

　　催化剂使用前后的 TG 和 DTG 如图 8-12 所示，与未使用过的催化剂相比使用后的催化剂质量下降更大，这是催化剂使用后产生了积碳的原因。材料都经历了两个不同的质量损失区域。第一次质量损失归因于物理吸附的水解吸（低于 200℃）。第二次质量损失，在 200~500℃ 之间，是由于催化剂表面上碳

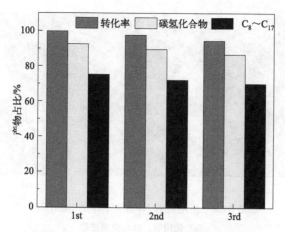

图 8-11　Ni-3Ce/Lay 的可重复使用性性能

沉积的去除。

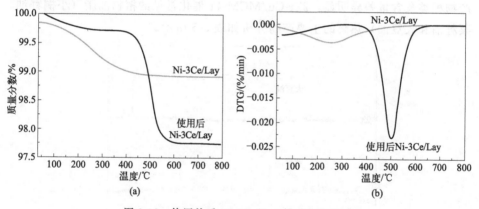

图 8-12　使用前后 Ni-3Ce/Lay 的 TG 和 DTG

图 8-13 描述了 Ni-3Ce/Lay 催化剂使用前后的扫描电镜。如图所示，使用的催化剂比未使用催化剂团聚，而产生的焦炭表面变粗糙，损坏了使用催化剂的部分晶体结构，导致催化活性略有下降。

8.4.5　2Zr-Cu/MCM-41 催化不同油脂热解性能分析

为了验证所制备催化剂对油脂的效果，在催化热解油酸的基础上，选用效果较好的催化剂对植物油进行催化热解。以常见的植物油大豆油、小桐籽油、菜籽油为原料，它们的主要成分皆为油酸、亚油酸。探讨双金属催化剂对油脂的催化性能。

催化剂 2Zr-Cu/MCM-41 催化不同植物油脂的 GC-MS 图如图 8-14 所示。

(a)　　　　　　　　　　　　　　　(b)

图 8-13　使用前后 Ni-3Ce/Lay 的 SEM 图

（a）使用前；（b）使用过后

由图可知在催化剂 2Zr-Cu/MCM-41 作用下热解产物出峰时间差异较大，说明产物种类及含量差异明显，2Zr-Cu/MCM-41 催化常见的植物油脂（小桐籽油、菜籽油和大豆油）热解的主要产物分析如表 8-5 所示。

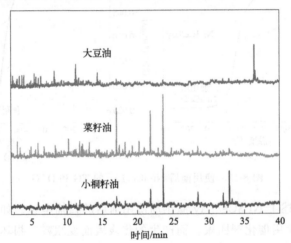

图 8-14　2Zr-Cu/MCM-41 催化植物油脂产物的 GC-MS 图

表 8-5　2Zr-Cu/MCM-41 催化植物油脂热解主要产物分析

小桐籽油			菜籽油			大豆油		
CAS	化学式	含量/%	CAS	化学式	含量/%	CAS	化学式	含量/%
1795-27-3	C_9H_{18}	10.22	872-05-9	$C_{10}H_{20}$	6.54	295-48-7	$C_{15}H_{30}$	8.26
152075-89-3	$C_{15}H_{28}$	9.54	71-41-0	$C_5H_{12}O$	5.21	1795-16-0	$C_{16}H_{32}$	7.46
1795-16-0	$C_{16}H_{32}$	7.88	152075-89-3	$C_{15}H_{28}$	4.49	2883-02-5	$C_{15}H_{30}$	2.22
31295-56-4	$C_{15}H_{32}$	4.22	2883-02-5	$C_{15}H_{30}$	3.98	31295-56-4	$C_{15}H_{32}$	1.79
111-70-6	$C_7H_{16}O$	3.21	4443-61-2	$C_{26}H_{52}$	3.44	109-66-0	C_5H_{12}	1.44

图 8-15 为 2Zr-Cu/MCM-41 催化不同油脂的产物分布。由图可知，不同原料其产物分布差异较大，与未添加催化剂相比，添加 2Zr-Cu/MCM-41 催化剂后，3 种植物油碳氢化合物的得率均超过了 90%，制备的催化剂表现出优异的催化性能。植物油脂的热解产物中主要以芳香烃为主，其次为炔烃、烯烃和烷烃。其中大豆油在催化剂作用下的裂解产物中芳香烃含量最高达到了 69.84%，小桐籽油在催化剂作用下的裂解产物中炔烃含量达到了 17.81%。植物油脂的热解产物中碳氢化合物主要则是分布在 $C_8 \sim C_{17}$ 范围内，菜籽油热解产物中 $C_8 \sim C_{17}$ 烃类化合物含量最高为 84.98%，小桐籽油裂解产物中 $<C_8$ 的烃类化合物含量最高为 18.32%。

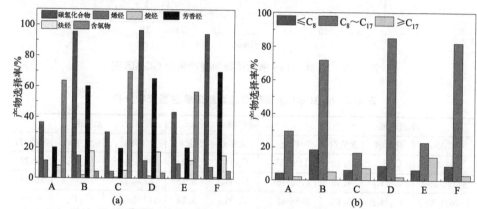

图 8-15　2Zr-Cu/MCM-41 催化不同油脂的产物分布

反应条件：热解温度 500℃，催化温度 500℃，反应时间 30min，催化剂用量 1g

A—小桐籽油；B—2Zr-Cu/MCM-41 催化小桐籽油；C—菜籽油；

D—2Zr-Cu/MCM-41 催化菜籽油；E—大豆油；F—2Zr-Cu/MCM-41 催化大豆油

8.4.6　Ni-3Ce/Lay 催化不同油脂热解性能分析

由图 8-16 可知，在催化剂 Ni-3Ce/Lay 的作用下，植物油脂进行了充分裂解，其裂解产物与催化剂 2Zr-Cu/MCM-41 作用下的产物略有不同，但产物的出峰位置区间基本相同。表 8-6 是小桐籽油、菜籽油以及大豆油在催化剂 Ni-3Ce/Lay 的作用下部分热解产物，由表可知不同植物油脂热解产物各有不同。图 8-17 为 Ni-3Ce/Lay 催化不同油脂的产物分析。在空白组中各类油脂的碳氢产物的得率只有 30%～40%，表明无催化剂反应时选择性极低，不适合形成理想的富烃燃料。而改性催化剂的加入极大地提高了烃类的选择性和得率，结合图 8-17（b），催化剂作用下菜籽油产物中得到了最高的芳烃含量（71.2%），而小桐籽裂解产物产生了最高的 $<C_7$ 含量（18.9%）。

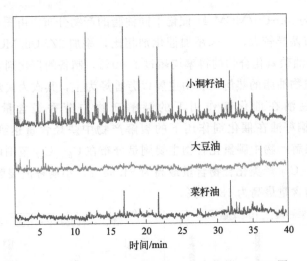

图 8-16 Ni-3Ce/Lay 催化植物油脂产物的 GC-MS 图

表 8-6 Ni-3Ce/Lay 催化植物油脂热解主要产物分析

小桐籽油			菜籽油			大豆油		
CAS	化学式	含量/%	CAS	化学式	含量/%	CAS	化学式	含量/%
1795-27-3	C_9H_{18}	8.43	31295-56-4	$C_{15}H_{32}$	8.84	295-48-7	$C_{15}H_{30}$	12.24
31295-56-4	$C_{15}H_{32}$	4.45	1795-16-0	$C_{16}H_{32}$	6.45	872-05-9	$C_{10}H_{20}$	10.78
152075-89-3	$C_{15}H_{28}$	3.96	2456-43-1	$C_{18}H_{32}$	5.24	31295-56-4	$C_{15}H_{32}$	9.88
295-48-7	$C_{15}H_{30}$	3.51	152075-89-3	$C_{15}H_{28}$	3.67	6842-15-5	$C_{12}H_{24}$	8.45
1795-18-2	$C_{20}H_{40}$	2.33	111-70-6	$C_7H_{16}O$	2.49	109-66-0	C_5H_{12}	4.45

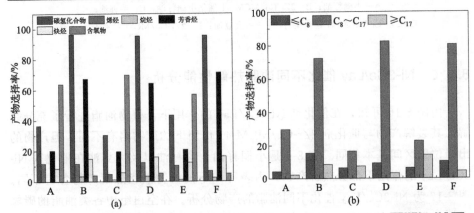

图 8-17 Ni-3Ce/Lay 催化不同油脂的产物分析

反应条件：热解温度 550℃，催化温度 550℃，反应时间 30min，催化剂用量 1g

A—小桐籽油；B—Ni-3Ce/Lay 催化小桐籽油；C—菜籽油；

D—Ni-3Ce/Lay 催化菜籽油；E—大豆油；F—Ni-3Ce/Lay 催化大豆油

8.5　小结

本章以 Lay 分子筛为载体，采用浸渍法制备双金属 NiCe/Lay 催化剂，选用油酸作为不饱和脂肪酸的模型化合物，进行催化热解制备烃类组分生物航空燃料，采用包括 N_2 物理吸附、XRD、TEM 和 NH_3-TPD 等技术对催化剂进行表征。得到以下结论：

① 双金属在载体 Lay 上分散均匀，负载后的双金属 NiCe/Lay 催化剂与其他催化剂相比，Ni-3Ce/Lay 催化剂在氮气气氛下的汽油-煤油-柴油范围内具有巨大的烃类生产潜力。当使用 Ni-3Ce/Lay 催化剂时，油酸与甲醇之比为 1∶5，热解温度为 500℃，催化温度为 500℃，催化剂量为 1g，原料转化率 100%，对烃氢化合物的选择性为 92.77%。

② NiCe-Lay 经过不同改性后，其介孔结构保持不变，大大提高了生物燃料的碳氢化合物含量和理化性能；同时改性后的催化剂有利于脱碳、脱羧途径，凭借其较好的比表面积（418.85m^2/g）、孔隙（2.920nm）以及酸性含量（105.98mgKOH/g）提高促进了油酸的转化率和碳氢化合物的选择性。循环使用 3 次后的催化剂催化性能略有下降，但仍有较好的催化性能。

③ 制备的催化剂对植物油的催化热解表现出来优异的催化性能。对大豆油、小桐籽油、菜籽油产物略有不同，但其碳氢化合物的得率都在 90% 以上，产物中 C_8~C_{17} 范围内的烃类产物也占主要地位。

第 9 章

结论与展望

9.1 结论

本书以可再生资源为原料，围绕环状高密度燃料合成中的 C—C 键形成反应和加氢脱氧反应，研究了高密度燃料组分合成及性能，探究了合成过程中的反应路径及机理；制备了高活性过渡金属催化剂，并对其结构及加氢脱氧性能进行探索。研究得出以下结论：

① 通过浸制法制备了具有介孔特性的 HPW/SBA-15 和 HPMo/SBA-15 催化剂，催化 β-蒎烯、松节油二聚再加氢制备高密度燃料组分。60% HPW/SBA-15 和 80% HPMo/SBA-15 催化活性最高，二聚体的得率分别达到69.9% 和 63.3%。其反应路径为 β-蒎烯在酸性条件下先快速异构，再聚合生成二聚体；松节油的二聚产物分布与 β-蒎烯相似，加氢后得到燃料组分其密度和热值分别 $0.934g/cm^3$（20℃）和 39.18MJ/L，与 JP-10 相当，但黏度过大。

② 在固体酸无溶剂条件下催化 β-蒎烯与 2-甲基呋喃/苯甲醚烷基化反应合成燃料前驱体，再通过加氢脱氧制备高密度燃料。研究表明：酸性条件下，β-蒎烯先发生异构，异构体与 2-甲基呋喃/苯甲醚发生烷基化反应。$FeCl_3$ 对 β-蒎烯与 2-甲基呋喃烷基化反应的转化率和选择性分别为 93.6% 和 90.6%，燃料组分密度为 $0.876g/cm^3$，热值为 41.4MJ/kg，冰点低于 -60℃，黏度 $54.17mm^2/s$（-20℃）；HPW 对 β-蒎烯与苯甲醚烷基化反应催化性能较好，其转化率和选择性分别为 94.5% 和 86.2%，获得燃料组分的密度和热值分别为 $0.912g/cm^3$、43.1MJ/kg，略低于 β-蒎烯的二聚体燃料，但低温性能有较大的改善，冰点为 -32℃，黏度为 $225.91mm^2/s$（-20℃）。

③ 采用碱催化诺蒎酮和不同醛发生 Aldol 缩合反应合成燃料前驱体，再通过加氢脱氧制备系列高密度燃料。研究表明：诺蒎酮与 5 种链醛缩合产物均为新化合物，0.75mol/L KOH 液体碱催化性能较好，其转化率在 88%～94%；MgO 固体碱在无溶剂的条件下催化诺蒎酮与芳香醛的转化率和选择性均大于 95%，所得环烷烃燃料具有较高密度（0.864～0.916g/cm^3）、较高热值（45.18～46.81MJ/kg）和低的冰点（-22.8～65.1℃），其密度和热值均高于石油基航空燃料 RP-3，燃料的黏度随着温度的升高而减小。以苯甲醛与诺蒎酮反应所得燃料（FF）性能最佳，其热值和密度与 JP-10 接近，且具有较好的低温性能。通过 DFT 计算分析了诺蒎酮与不同醛的反应活性及加氢脱氧过程中能量变化，推测了可能反应路径，阐明了反应机理。

④ 采用硝酸铈铵和碳酸氢钠催化 α-蒎烯与环己二酮环加成反应合成燃料前驱体，再通过加氢脱氧反应制备高密度燃料。研究表明环加成反应的转化率均大于 95% 及选择性大于 80%，两种环加成产物中其中 1 种为新化合物；以 Pd/C 和 Hβ 催化加成产物其转化率和脱氧率均大于 99.9%；通过 α-蒎烯/1,3 环己二酮制备的燃料组分其密度、冰点与热值分别为 0.892g/cm^3（20℃）、-53℃、42.71MJ/kg；通过 α-蒎烯/5,5-二甲基-1,3 环己二酮制备的燃料密度 0.904g/cm^3（20℃）、冰点-48℃、净热值 42.98MJ/kg。两者的密度较 RP-3 高，冰点与 RP-3 接近，低温性能较好。通过 DFT 计算比较了环加成反应的活性，与实验结果一致；分析了加氢脱氧过程的能量变化，证明了环加成产物 M 较 N 更易发生加氢脱氧反应，提出了反应路径，阐明了反应机理。

⑤ 分别采用溶胶-凝胶法及"一锅法"制备了具有介孔特性的 Ni-Nb 和 Ni-Nb-P 两种催化剂，通过木质素衍生物考察了其加氢脱氧性能。研究表明 Ni-Nb 催化剂中 Nb 以非晶态 Nb$_2$O$_5$ 物种存在，Ni 以单质的形态存在；无定形 Nb$_2$O$_5$ 相可以促进 Ni 活性相的分散，Ni$_{0.9}$Nb$_{0.1}$ 样品表面层疏松，呈现均匀的球形纳米颗粒及裂缝孔，比表面积和孔容较大，具有弱酸位和中强酸位，在 240℃、3MPa 条件下反应 4h，苯甲醚完全转化为环己烷，其加氢脱氧（HDO）遵循 HYD 反应路线；Ni-Nb-P 中 Nb 以 NbOPO$_4$ 物种存在，Ni 主要以 Ni$_3$P 或 Ni 单质形态存在；Ni-Nb-P 催化剂呈现均匀的片状纳米结构，具有中强酸位及强酸位为主路易斯酸；Ni-Nb-P 催化剂在木质素衍生物的转化中表现了优异的加氢脱氧性能，较温和的条件（≤180℃）下可以将几种常见木质素衍生物全部转化为烷烃。苯甲醚 HDO 主要遵循 HYD 路线，少量的苯甲醚通过甲基转移（TMA）路线得到甲苯；苯甲醛 HDO 遵循氢化-氢解路径；苯酚加氢脱氧完全经由 HYD 路径得到环己烷。重复使用 6 次，其催化活性几乎未降低。

⑥ 以浸渍法制备了 ZrCu/MCM-41 催化剂，对模型化合物油酸进行了催

化热解；通过 SEM、TEM、XRD 等手段对所制备的催化剂进行了表征。利用 GC-MS 对催化产物进行了分析。研究表明 Zr、Cu 分别以 ZrO_2、CuO 的形式存在，并且二者形成了金属合金，负载金属后分子筛骨架未改变，其比表面积以及孔径等特性良好。通过产物分析发现在所制备的催化剂中 2Zr-Cu/MCM-41 的催化性能最佳，在其最佳反应条件催化温度 500℃、热解温度 500℃、醇油比 5∶1、催化剂 1g 条件下油酸的转化率达到了 100%，碳氢化合物选择性 90.56%，$C_8 \sim C_{17}$ 航油范围内的烃选择性 76.68%。

⑦ 以浸渍法制备不同比例的 NiCe/Lay 催化剂，并用于油酸的催化热解。相对于单独负载的 Ni、Ce 催化剂，同时拥有二者金属的催化剂催化效果更好，二者之间的强相互作用使得 Ni 的还原能力加强，同时二者的金属活性位点与分子筛提供的酸性位点提高了催化剂在加氢、裂解、异构反应中的催化能力。当 Ni/Ce 比为 3∶1 时，油酸与甲醇之比为 1∶5，热解温度为 500℃，催化温度为 500℃，催化剂量为 1g，原料转化率 100%。烃类化合物的选择性为 92.77%，其中在 $C_8 \sim C_{17}$ 范围内的烃类化合物为 75.06%。将所制备的催化剂在最佳生产条件下对菜籽油、小桐籽油进行的催化热解实验表明了所制备的催化剂可以促进生物油脂制备生物航油。热解产物中 CHs 化合物的得率都在 90% 以上，$C_8 \sim C_{17}$ 范围内的烃类产物也占主要地位。

9.2 展望

本书从生物质典型的平台化合物，如莰烯类、呋喃类、醛类、醚类等出发，重点研究了 C—C 偶联中各类环增长反应，合成了系列莰烯基新型高密度燃料。制备了双金属双功能催化剂对模型化合物油酸、菜籽油、小桐籽油等进行加氢脱氧制备航空燃油。虽然许多研究（包括本研究）已取得了一定的成果，但是仍然还有许多难题待解决。在今后的工作中可以从以下 3 个方面进一步展开研究：

① 对于莰烯基高密度燃料，在反应过程中出现的副反应进行分析，进一步提高催化剂在反应中的催化活性和选择性。

② 虽然本书已合成了多种单环、多环等烷烃燃料分子，但是设计新型燃料分子，实现高效定向制备仍需进一步探究。例如：侧重多环不对称结构，进一步提高密度及热值，优化其低温性能。

③ 高效多功能一体催化体系的开发。多功能催化剂不仅可以用于 C—C 偶联反应，而且对后续的加氢脱氧反应有促进作用，通过一步法将生物质原料转化为液态烷烃燃料，实现高密度燃料组分低成本的合成。

参考文献

［1］ 张香文，米镇涛，李家玲. 巡航导弹用高密度烃类燃料［J］. 火炸药学报，1999，22：41-45.

［2］ 潘伦，邓强，鄂秀天凤，等. 高密度航空航天燃料合成化学［J］. 化学进展，2015，27：1531-1541.

［3］ 邹吉军，张香文，王莅，等. 高密度液体碳氢燃料合成及应用进展［J］. 含能材料，2007，15（4）：411-415.

［4］ Wang Y, Li Z, Li Q, et al. Tandem Reactions for the Synthesis of High-Density Polycyclic Biofuels with a Double/Triple Hexane Ring［J］. ACS Omega, 2022, 7: 19158-19165.

［5］ Fang W, Liu S, Schill L, et al. On the role of Zr to facilitate the synthesis of diesel and jet fuel range intermediates from biomass-derived carbonyl compounds over aluminum phosphate［J］. Applied Catalysis B: Environmental, 2023, 320: 121936.

［6］ Karimi-Maleh H, Rajendran S, Vasseghian Y, et al. Advanced integrated nanocatalytic routes for converting biomass to biofuels: A comprehensive review［J］. Fuel, 2022, 314: 122762.

［7］ Li H, Riisager A, Saravanamurugan S, et al. Carbon-increasing catalytic strategies for upgrading biomass into energy-intensive fuels and chemicals［J］. ACS Catal, 2018, 8 (1): 148-187.

［8］ Li H, Yang S, Saravanamurugan S, et al. Glucose Isomerization by Enzymes and Chemo-catalysts: Status and Current Advances［J］. ACS Catalysis, 2017, 7 (4): 3010-3029.

［9］ Li C, Zhao X, Wang A, et al. Catalytic transformation of lignin for the production of chemicals and fuels［J］. Chem Rev, 2015, 115 (21): 11559-11624.

［10］ Nie G, Shi C, Dai Y, et al. Producing methylcyclopentadiene dimer and trimer based high-performance jet fuels using 5-methyl furfural［J］. Green Chemistry, 2020, 22 (22): 7765-7768.

［11］ Huber G W, Chheda J N, Barrett C J, et al. Production of liquid alkanes by aqueous-phase processing of biomass-derived carbohydrates［J］. Science, 2005, 308 (5727): 1446-1450.

［12］ Faba L, Díaz E, Ordóñez S. Performance of bifunctional Pd/$M_x N_y$O (M＝Mg, Ca; N＝Zr, Al) catalysts for aldolization-hydrogenation of furfural-acetone mixtures［J］. Catalysis Today, 2011, 164 (1): 451-456.

［13］ Faba L, Díaz E, Ordonez S. Improvement on the Catalytic Performance of Mg-Zr Mixed Oxides for Furfural-Acetone Aldol Condensation by Supporting on Mesoporous Carbons［J］. ChemSusChem, 2013, 6 (3): 463-473.

［14］ Yati I, Yeom M, Choi J W, et al. Water-promoted selective heterogeneous catalytic trimerization of xylose-derived 2-methylfuran to diesel precursors［J］. Applied Catalysis A: General, 2015, 495: 200-205.

[15] Wang W, Li N, Li S, et al. Synthesis of renewable diesel with 2-methylfuran and angelica lactone derived from carbohydrates [J]. Green Chemistry, 2016, 18 (5): 1218-1223.

[16] Xu J, Li N, Yang X, et al. Synthesis of Diesel and Jet Fuel Range Alkanes with Furfural and Angelica Lactone [J]. ACS Catalysis, 2017, 7 (9): 5880-5886.

[17] Jenkins R W, Moore C M, Semelsberger T A, et al. The Effect of Functional Groups in Bio-Derived Fuel Candidates [J]. ChemSusChem, 2016, 9 (9): 922-931.

[18] Lappas A A, Kalogiannis K G, Iliopoulou E F, et al. Wiley Interdiscip. Rev [J]. Energy Environ, 2012, 1: 285-297.

[19] Resasco D E, Crossley S P. Implementation of concepts derived from model compound studies in the separation and conversion of bio-oil to fuel [J]. Catalysis Today, 2015, 257: 185-199.

[20] Hu X, Gunawan R, Mourant D, et al. Upgrading of bio-oil via acid-catalyzed reactions in alcohols-A mini review [J]. Fuel processing technology, 2017, 155: 2-19.

[21] Jang B W, Gläser R, Liu C, et al. Fuels of the future [J]. Energy Environ. Sci, 2010, 3 (3): 253.

[22] Yang J, Li N, Li G, et al. Solvent-free synthesis of C_{10} and C_{11} branched alkanes from furfural and methyl isobutyl ketone [J]. ChemSusChem, 2013, 6 (7): 1149-1152.

[23] Yang J, Li S, Li N, et al. Synthesis of jet-fuel range cycloalkanes from the mixtures of cyclopentanone and butanal [J]. Industrial & Engineering Chemistry Research, 2015, 54 (47): 11825-11837.

[24] Deng Q, Xu J, Han P, et al. Efficient synthesis of high-density aviation biofuel via solvent-free aldol condensation of cyclic ketones and furanic aldehydes [J]. Fuel Processing Technology, 2016, 148: 361-366.

[25] Li S, Li N, Wang W, et al. Synthesis of jet fuel range branched cycloalkanes with mesityl oxide and 2-methylfuran from lignocellulose [J]. Sci Rep, 2016, 6 (1): 32379.

[26] Han P, Nie G, Xie J, et al. Synthesis of high-density biofuel with excellent low-temperature properties from lignocellulose-derived feedstock [J]. Fuel Processing Technology, 2017, 163: 45-50.

[27] Xie J, Zhang L, Zhang X, et al. Synthesis of high-density and low-freezing-point jet fuel using lignocellulose-derived isophorone and furanic aldehydes [J]. Sustainable Energy & Fuels, 2018, 2 (8): 1863-1869.

[28] Chen F, Li N, Li S, et al. Synthesis of jet fuel range cycloalkanes with diacetone alcohol from lignocellulose [J]. Green Chemistry, 2016, 18 (21): 5751-5755.

[29] Deng Q, Han P, Xu J, et al. Highly controllable and selective hydroxyalkylation/alkylation of 2-methylfuran with cyclohexanone for synthesis of high-density biofuel [J]. Chemical Engineering Science, 2015, 138: 239-243.

[30] Li S, Chen F, Li N, et al. Synthesis of renewable triketones, diketones, and jet-fuel range cycloalkanes with 5-hydroxymethylfurfural and ketones [J]. ChemSus Chem, 2017, 10 (4): 711-719.

[31] Yang J, Li N, Li G, et al. Synthesis of renewable high-density fuels using cyclopentanone derived from lignocellulose [J]. Chem Commun, 2014, 50 (20): 2572-2574.

[32] Liang D, Li G, Liu Y, et al. Controllable self-aldol condensation of cyclopentanone over MgO-ZrO$_2$ mixed oxides: Origin of activity & selectivity [J]. Catalysis Communications, 2016, 81: 33-36.

[33] Sheng X, Li G, Wang W, et al. Dual-bed catalyst system for the direct synthesis of high-density aviation fuel with cyclopentanone from lignocellulose [J]. AIChE Journal, 2016, 62 (8): 2754-2761.

[34] Wang W, Li N, Li G, et al. Synthesis of renewable high-density fuel with cyclopentanone derived from hemicellulose [J]. ACS Sustainable Chemistry & Engineering, 2017, 5 (2): 1812-1817.

[35] Luo X, Lu R, Si X, et al. Sustainable synthesis of high-density fuel via catalytic cascade cycloaddition reaction [J]. Journal of Energy Chemistry, 2022, 69: 231-236.

[36] Bai J, Zhang Y, Zhang X, et al. Synthesis of high-density components of jet fuel from lignin-derived aromatics via alkylation and subsequent hydrodeoxygenation [J]. ACS Sustainable Chemistry & Engineering, 2021, 9 (20): 7112-7119.

[37] Gao H, Han F, Li G, et al. Synthesis of jet fuel range high-density polycycloalkanes with vanillin and cyclohexanone [J]. Sustainable Energy & Fuels, 2022, 6 (6): 1616-1624.

[38] Cai T, Deng Q, Peng H, et al. Selective Synthesis of Bioderived Dibenzofurans and Bicycloalkanes from a Cellulose-Based Route [J]. ACS Sustainable Chemistry & Engineering, 2021, 9 (19): 6748-6755.

[39] Wang W, An L, Qian C, et al. Synthesis of Renewable High-Density Fuel with Vanillin and Cyclopentanone Derived from Hemicellulose [J]. Molecules, 2023, 28 (13): 5029.

[40] Deng Q, Nie G, Pan L, et al. Highly selective self-condensation of cyclic ketones using MOF-encapsulating phosphotungstic acid for renewable high-density fuel [J]. Green Chemistry, 2015, 17 (8): 4473-4481.

[41] Li Z, Li Q, Wang Y, et al. Synthesis of high-density aviation biofuels from biomass-derived cyclopentanone [J]. Energy & Fuels, 2021, 35 (8): 6691-6699.

[42] Xie J, Zhang X, Pan L, et al. Renewable high-density spiro-fuels from lignocellulose-derived cyclic ketones [J]. Chemical Communications, 2017, 53 (74): 10303-10305.

[43] Nie G, Zhang X, Pan L, et al. One-pot production of branched decalins as high-density jet fuel from monocyclic alkanes and alcohols [J]. Chemical Engineering Science, 2018, 180: 64-69.

[44] Nie G, Zhang X, Pan L, et al. Hydrogenated intramolecular cyclization of diphenylmethane derivatives for synthesizing high-density biofuel [J]. Chemical Engineering Science, 2017, 173: 91-97.

[45] Pan L, Xie J, Nie, G, et al. Zeolite catalytic synthesis of high-performance jet-fuel-range spiro-fuel by one-pot Mannich-Diels-Alder reaction [J]. AIChE Journal, 2020, 66 (1): e16789.

[46] Xu J, Li N, Li G, et al. Synthesis of high-density aviation fuels with methyl benzaldehyde and cyclohexanone [J]. Green Chemistry, 2018, 20 (16): 3753-3760.

[47] Timothy A A, Han F, Li G, et al. Synthesis of jet fuel range high-density dicycloalkanes with methyl benzaldehyde and acetone [J]. Sustainable Energy & Fuels, 2020, 4 (11): 5560-5567.

[48] Wang W, Liu Y, Li N, et al. Synthesis of renewable high-density fuel with isophorone [J]. Scientific Reports, 2017, 7 (1): 6111.

[49] 舒玉美，史成香，潘伦，等．生物质基喷气燃料的生产及应用进展 [J]．石油炼制与化工，
2021, 52 (10)：88-93.

[50] 岑潮锋，李桂珍，陈海燕，等．松脂中松节油含量测定改进 [J]．热带农业科学，2022, 42
(05)：90-93.

[51] 熊淑玲，周小迎，陈瑛．干馏松节油化学成分分析 [J]．江西科学，1996 (04)：239-241.

[52] 邹吉军，张香文，王莅，等．一种含生物质燃料的混合喷气燃料及其制备方法．CN
201210547224 [P]．2023-11-06.

[53] Harvey B G, Wright, M. E., Quintana, R. L. High-density renewable fuels based on the selective dimerization of pinenes [J]. Energy & Fuels, 2010, 24 (1)：267-273.

[54] Zhou Y, Wang J, Wang X, et al. Efficient production of α-pinene through identifying the rate-limiting enzymes and tailoring inactive terminal of pinene synthase in Escherichia coli [J]. Fuel, 2023, 343：127872.

[55] Wu X, Ma G, Liu C, et al. Biosynthesis of pinene in purple non-sulfur photosynthetic bacteria [J]. Microbial cell factories, 2021, 20 (1)：1-8.

[56] Meylemans H A, Quintana R L, Harvey B G. Efficient conversion of pure and mixed terpene feedstocks to high density fuels [J]. Fuel, 2012, 97：560-568.

[57] Nie G, Zou J J, Feng R, et al. HPW/MCM-41 catalyzed isomerization and dimerization of pure pinene and crude turpentine [J]. Catalysis Today, 2014, 234：271-277.

[58] Xie J, Pan L, Nie G, et al. Photoinduced cycloaddition of biomass derivatives to obtain high-performance spiro-fuel [J]. Green Chemistry, 2019, 21 (21)：5886-5895.

[59] Harvey B G, Meylemans H A, Gough R V, et al. High-density biosynthetic fuels：the intersection of heterogeneous catalysis and metabolic engineering [J]. Physical Chemistry Chemical Physics, 2014, 16 (20)：9448-9457.

[60] Yang X, Li T, Tang K, et al. Highly efficient conversion of terpenoid biomass to jet-fuel range cycloalkanes in a biphasic tandem catalytic process [J]. Green Chemistry, 2017, 19 (15)：3566-3573.

[61] Meylemans H A, Quintana R L, Rex M L, et al. Low-temperature, solvent-free dehydration of cineoles with heterogeneous acid catalysts for the production of high-density biofuels [J]. Journal of Chemical Technology & Biotechnology, 2014, 89 (7)：957-962.

[62] Meylemans H A, Quintana R L, Goldsmith B R, et al. Solvent-free conversion of linalool to methylcyclopentadiene dimers：a route to renewable high-density fuels [J]. ChemSusChem, 2011, 4 (4)：465-469.

[63] 陈佳慧，王斐菲，张乃丽，等．生物航油的制备与应用发展前景 [J]．能源研究与利用，2021
(04)：21-31.

[64] Lim J H K, Gan Y Y, Ong H C, et al. Utilization of microalgae for bio-jet fuel production in the aviation sector：Challenges and perspective [J]. Renewable and Sustainable Energy Reviews, 2021, 149：111396.

[65] Wen C L, Xu J D, Man X, et al. N-nonane hydroisomerization over hierarchical SAPO-11-based catalysts with sodium dodecylbenzene sulfonate as a dispersant [J]. Petroleum Science, 2021, 18
(02)：654-666.

［66］ 胡佳韩，汪旭昆，李鑫. 地沟油制备生物柴油的方法和现状 ［J］. 浙江化工，2014，45（11）：28-32.

［67］ 李妍奇. 餐饮废弃油脂原料生产生物航空燃油及催化剂的制备工艺研究 ［D］. 北京：北京化工大学，2020.

［68］ 武利梅，赵晶晶，蔡静薇，等. 食用植物油中脂肪伴随物的种类、含量及健康功能 ［J］. 河南工业大学学报（自然科学版），2022，43（06）：10-18.

［69］ Liu J, Xiang M, Wu D, et al. Enhanced phenol hydrodeoxygenation over a nicatalyst supported on a mixe mesoporous zsm-5 zeolite and Al_2O_3 ［J］. Catalysis Letters, 2017, 147（10）: 2498-2507.

［70］ Klerk D, Arno B, Han C, et al. Sustainable aviation fuel: Pathways to fully formulated synthetic jet fuel via Fischer-Tropsch synthesis ［J］. Energy Science & Engineering, 2022, 12, 6: 2050-0505.

［71］ Campanario F J, Ortiz F J. Fischer-Tropsch biofuels production from syngas obtained by supercritical water reforming of the bio-oil aqueous phase ［J］. EnergyConversion and Management, 2017, 150: 599-613.

［72］ Lin C H, Wang W C. Direct conversion of glyceride-based oil into renewable jet fuels ［J］. Renewable and Sustainable Energy Reviews, 2020, 132: 110109.

［73］ Routray K, Barnett K J, Huber G W. Hydrodeoxygenation of pyrolysis oils ［J］. Energy Technology, 2017, 5（1）: 80-93.

［74］ Shafaghat H, Rezaei P S, Ro D, et al. In-situ catalytic pyrolysis of lignin in a bench-scale fixed bed pyrolyzer ［J］. Journal of Industrial & Engineering Chemistry, 2017（54）: 447-453.

［75］ 王国彤，李巾英，王群威，等. GB 6537—2018 标准修订内容及对出口航煤影响 ［J］. 标准科学，2018（11）: 127-130，135.

［76］ 王秀娟. 绿色梦想起航 ［J］. 中国石油石化，2013（10）: 49-51.

［77］ Enguilo V, Romero R, Espinosa G, et al. Biodiesel production from waste cooking oil catalyzed by a bifunctional catalyst ［J］. ACS omega, 2021, 6（37）: 24092-24105.

［78］ Li X, Hu C, Shao S, et al. In situ catalytic upgrading of pyrolysis vapours from vacuum pyrolysis of rape straw over La/MCM-41 ［J］. Journal of Analytical anApplied Pyrolysis, 2019, 140: 213-218.

［79］ Zheng Z, Wang J, Wei Y, et al. Effect of La-Fe/Si-MCM-41 catalysts and CaO additive on catalytic cracking of soybean oil for biofuel with low aromatics ［J］. Journal of Analytical and Applied Pyrolysis, 2019, 143: 104693.

［80］ Zhang Z, Chen Z, Chen H, et al. Catalytic decarbonylation of stearic acid to hydrocarbons over activated carbon-supported nickel ［J］. Sustainable Energy & Fuels, 2018, 2（8）: 1837-1843.

［81］ Ahmed B H, Sabzoi N, S M, et al. Catalytic upgradation of bio-oil over metal supported activated carbon catalysts in sub-supercritical ethanol ［J］. Journal of Environmental Chemical Engineering, 2021, 9（2）: 2213-3437.

［82］ Carlos T, Buriak J M. The "Holey" Grail: Zeolites and Molecular Sieves ［J］. Chemistry of Materials, 2018, 30（16）: 5519-5520.

［83］ Noiroj K, Intarapong P, A Luengnaruemitchai, et al. A comparative study of KOH/Al_2O_3 and

KOH/NaY catalysts for biodiesel production via transesterification from palm oil [J]. Renewable Energy, 2009 (4): 1145-1150.

[84] 张宇. 含铌多孔材料的制备及应用研究 [D]. 上海：华东理工大学, 2013.

[85] Karinen R, Vilonen K, Niemelä M. Biorefining: heterogeneously catalyzed reactions of carbohydrates for the production of furfural and hydroxymethylfurfural [J]. ChemSusChem, 2011, 4 (8): 1002-1016.

[86] Yang F, Liu Q, Yue M, et al. Tantalum compounds as heterogeneous catalysts for saccharide dehydration to 5-hydroxymethylfurfural [J]. Chemical Communications, 2011, 47 (15): 4469-4471.

[87] Carniti P, Gervasini A, Biella S, et al. Niobic acid and niobium phosphate as highly acidic viable catalysts in aqueous medium: Fructose dehydration reaction [J]. Catalysis Today, 2006, 118 (3-4): 373-378.

[88] Carlini C, Giuttari M, Galletti A M R, et al. Selective saccharides dehydration to 5-hydroxymethyl-2-furaldehyde by heterogeneous niobium catalysts [J]. Applied Catalysis A: General, 1999, 183 (2): 295-302.

[89] Busca G. Acid catalysts in industrial hydrocarbon chemistry [J]. Chemical Reviews, 2007, 107 (11): 5366-5410.

[90] Maurer S M, Ko E I. Structural and acidic characterization of niobia aerogels [J]. Journal of Catalysis, 1992, 135 (1): 125-134.

[91] Ushikubo T, Koike Y, Wada K, et al. Study of the structure of niobium oxide by X-ray absorption fine structure and surface science techniques [J]. Catalysis today, 1996, 28 (1-2): 59-69.

[92] Nakajima K, Baba Y, Noma R, et al. $Nb_2O_5 \cdot nH_2O$ as a heterogeneous catalyst with water-tolerant Lewis acid sites [J]. Journal of the American Chemical Society, 2011, 133 (12): 4224-4227.

[93] Fan W, Zhang Q, Deng W, et al. Niobic acid nanosheets synthesized by a simple hydrothermal method as efficient Brønsted acid catalysts [J]. Chemistry of Materials, 2013, 25 (16): 3277-3287.

[94] Nakajima K, Fukui T, Kato H, et al. Structure and acid catalysis of mesoporous $Nb_2O_5 \cdot nH_2O$ [J]. Chemistry of Materials, 2010, 22 (11): 3332-3339.

[95] Tagusagawa C, Takagaki A, Iguchi A, et al. Highly Active Mesoporous Nb-W Oxide Solid-Acid Catalyst [J]. Angewandte Chemie International Edition, 2010, 49 (6): 1128-1132.

[96] Pholjaroen B, Li N, Wang Z, et al. Dehydration of xylose to furfural over niobium phosphate catalyst in biphasic solvent system [J]. Journal of energy chemistry, 2013, 22 (6): 826-832.

[97] Galletti A M R, Sbrana G. Acid sites characterization of niobium phosphate catalysts and their activity in fructose dehydration to 5-hydroxymethyl-2-furaldehyde [J]. Journal of Molecular Catalysis A: Chemical, 2000, 151: 233-243.

[98] Okazaki S, Kurimata M, Iizuka T, et al. The effect of phosphoric acid treatment on the catalytic property of niobic acid [J]. Bulletin of the Chemical Society of Japan, 1987, 60 (1): 37-41.

[99] 贾进, 程璐, 张澄, 等. 介孔磷酸铌一锅法催化葡萄糖制备 5-羟甲基糠醛 [J]. 精细化工, 2018, 35 (2): 255-260.

[100] 于波, 丁万昱, 刘世民, 等. 介孔磷酸铌催化剂的制备方法及其在山梨醇制异山梨醇中的应

用. CN201510918916X [P]. 2016-05-04.

[101] Waghray A, Ko E I. One-step synthesis and characterization of niobia-phosphate aerogels [J]. Catalysis today, 1996, 28 (1-2): 41-47.

[102] Mal N K, Bhaumik A, Kumar P, et al. Microporous niobium phosphates and catalytic properties prepared by a supramolecular templating mechanism [J]. Chemical communications, 2003 (7): 872-873.

[103] Sarkar A, Pramanik P. Synthesis of mesoporous niobium oxophosphate using niobium tartrate precursor by soft templating method [J]. Microporous and Mesoporous materials, 2009, 117 (3): 580-585.

[104] Mal N K, Fujiwara M. Synthesis of hexagonal and cubic super-microporous niobium phosphates with anion exchange capacity and catalytic properties [J]. Chemical communications, 2002 (22): 2702-2703.

[105] Xi J, Zhang Y, Xia Q, et al. Direct conversion of cellulose into sorbitol with high yield by a novel mesoporous niobium phosphate supported Ruthenium bifunctional catalyst [J]. Applied Catalysis A: General, 2013, 459: 52-58.

[106] Zhang Y, Wang J, Ren J, et al. Mesoporous niobium phosphate: an excellent solid acid for the dehydration of fructose to 5-hydroxymethylfurfural in water [J]. Catalysis Science & Technology, 2012, 2 (12): 2485-2491.

[107] Ryu J, Kim S M, Choi J W, et al. Highly durable Pt-supported niobia-silica aerogel catalysts in the aqueous-phase hydrodeoxygenation of 1-propanol [J]. Catalysis Communications, 2012, 29: 40-47.

[108] Ma D, Lu S, Liu X, et al. Depolymerization and hydrodeoxygenation of lignin to aromatic hydrocarbons with a Ru catalyst on a variety of Nb-based supports [J]. Chinese Journal of Catalysis, 2019, 40 (4): 609-617.

[109] Xia Q N, Cuan Q, Liu X H, et al. Pd/NbOPO$_4$ multifunctional catalyst for the direct production of liquid alkanes from aldol adducts of furans [J]. Angewandte Chemie, 2014, 126 (37): 9913-9918.

[110] Li C, Ding D, Xia Q, et al. Conversion of raw lignocellulosic biomass into branched long-chain alkanes through three tandem steps [J]. ChemSusChem, 2016, 9 (13): 1712-1718.

[111] Xia Q, Chen Z, Shao Y, et al. Direct hydrodeoxygenation of raw woody biomass into liquid alkanes [J]. Nature communications, 2016, 7 (1): 11162.

[112] Buitrago-Sierra R, Serrano-Ruiz J C, Rodríguez-Reinoso F, et al. Ce promoted Pd-Nb catalysts for γ-valerolactone ring-opening and hydrogenation [J]. Green chemistry, 2012, 14 (12): 3318-3324.

[113] Jasik A, Wojcieszak R, Monteverdi S, et al. Study of nickel catalysts supported on Al$_2$O$_3$, SiO$_2$ or Nb$_2$O$_5$ oxides [J]. Journal of Molecular Catalysis A: Chemical, 2005, 242 (1-2): 81-90.

[114] Wright M E, Harvey B G, Quintana R L. Highly efficient zirconium-catalyzed batch conversion of 1-butene: a new route to jet fuels [J]. Energy & Fuels, 2008, 22 (5): 3299-3302.

[115] Nojima M, Tokura N. Spiro Compound Formation. III. The Formation of Spiro Compounds by the Rearrangement of Bicyclo [5.4.0] -undecene (1, 7) and Cyclopentyl-cyclohexene [J].

Bulletin of the Chemical Society of Japan, 1969, 42 (5): 1351-1353.

[116] Arias-Ugarte R, Wekesa F S, Schunemann S, et al. Iron (Ⅲ) -catalyzed dimerization of cyclo-olefins: synthesis of high-density fuel candidates [J]. Energy & Fuels, 2015, 29 (12): 8162-8167.

[117] Zhang X, Deng Q, Han P, et al. Hydrophobic mesoporous acidic resin for hydroxyalkylation/alkylation of 2-methylfuran and ketone to high-density biofuel [J]. AIChE Journal, 2017, 63 (2): 680-688.

[118] Li Z, Pan L, Nie G, et al. Synthesis of high-performance jet fuel blends from biomass-derived 4-ethylphenol and phenylmethanol [J]. Chemical Engineering Science, 2018, 191: 343-349.

[119] Park H, Yu J Q. Palladium-catalyzed [3+2] cycloaddition via twofold 1, 3-C (sp^3) -H activation [J]. Journal of the American Chemical Society, 2020, 142 (39): 16552-16556.

[120] Li H, Hughes R P, Wu J. Dearomative indole (3+2) cycloaddition reactions [J]. Journal of the American Chemical Society, 2014, 136 (17): 6288-6296.

[121] Kresge A J. Ingold Lecture. Reactive intermediates: carboxylic acid enols and other unstable species [J]. Chemical Society Reviews, 1996, 25 (4): 275-280.

[122] Reeta M T, Hllmann M, Seitz T. The first direct evidence for a cram chelate [J]. Angewandte Chemie International Edition in English, 1987, 26 (5): 477-479.

[123] Tišler Z, Vrbková E, Kocík J, et al. Aldol condensation of benzaldehyde and heptanal over zinc modified mixed Mg/Al oxides [J]. Catalysis Letters, 2018, 148: 2042-2057.

[124] Yue X, Zhang L, Sun L, et al. Highly efficient hydrodeoxygenation of lignin-derivatives over Ni-based catalyst [J]. Applied Catalysis B: Environmental, 2021, 293: 120243.

[125] Saidi M, Moradi P. Catalytic hydrotreatment of lignin-derived pyrolysis bio-oils using Cu/γ-Al$_2$O$_3$ catalyst: Reaction network development and kinetic study of anisole upgrading [J]. International Journal of Energy Research, 2021, 45 (6): 8267-8284.

[126] Aqsha A, Katta L, Tijani M M, et al. Investigation of catalytic hydrodeoxygenation of anisole as bio-oil model compound over Ni-Mo/TiO$_2$ and Ni-V/TiO$_2$ catalysts: Synthesis, kinetic, and reaction pathways studies [J]. The Canadian Journal of Chemical Engineering, 2021, 99 (5): 1094-1106.

[127] Deepa A K, Dhepe P L. Function of metals and supports on the hydrodeoxygenation of phenolic compounds [J]. Chem Plus Chem, 2014, 79 (11): 1573-1583.

[128] Yan P, Kennedy E, Stockenhuber M. Hydrodeoxygenation of guaiacol over BEA supported bimetallic Ni-Fe catalysts with varied impregnation sequence [J]. Journal of Catalysis, 2021, 404: 1-11.

[129] Rachwalik R, Olejniczak Z, Jiao J, et al. Isomerization of α-pinene over dealuminated ferrierite-type zeolites [J]. Journal of Catalysis, 2007, 252 (2): 161-170.

[130] Higashimura T, Lu J, Kamigaito M, et al. Cationic polymerization of α-pinene with aluminium-based binary catalysts, 2. Survey of catalyst systems [J]. Die Makromolekulare Chemie: Macromolecular Chemistry and Physics, 1993, 194 (12): 3441-3453.

[131] Zou J J, Chang N, Zhang X, et al. Isomerization and dimerization of pinene using Al-incorporated MCM-41 mesoporous materials [J]. Chem Cat Chem, 2012, 4 (9): 1289-1297.

［132］ Gündüz G, Dimitrova R, Yilmaz S, et al. Isomerisation of α-pinene over Beta zeolites synthesised by different methods ［J］. Journal of Molecular Catalysis A: Chemical, 2005, 225 (2): 253-258.

［133］ Dimitrova R, Gündüz G, Spassova M. A comparative study on the structural and catalytic properties of zeolites type ZSM-5, mordenite, Beta and MCM-41 ［J］. Journal of Molecular Catalysis A: Chemical, 2006, 243 (1): 17-23.

［134］ Gunduz G, Dimitrova R P, Yilmaz S. Catalytic activity of heteropolytungstic acid encapsulated into mesoporous material structure ［J］. International Journal of Chemical Reactor Engineering, 2007, 5 (1).

［135］ da Silva Rocha K A, Robles-Dutenhefner P A, Kozhevnikov I V, et al. Phosphotungstic heteropoly acid as efficient heterogeneous catalyst for solvent-free isomerization of α-pinene and longifolene ［J］. Applied Catalysis A: General, 2009, 352 (1-2): 188-192.

［136］ Garade A C, Kshirsagar V S, Rode C V. Selective hydroxyalkylation of phenol to bisphenol F over dodecatungstophosphoric acid (DTP) impregnated on fumed silica ［J］. Applied Catalysis A: General, 2009, 354 (1-2): 176-182.

［137］ Wang J, Zhu H O. Alkylation of 1-dodecene with benzene over $H_3PW_{12}O_{40}$ supported on mesoporous silica SBA-15 ［J］. Catalysis letters, 2004, 93: 209-212.

［138］ Zhao D, Huo Q, Feng J, et al. Nonionic triblock and star diblock copolymer and oligomeric surfactant syntheses of highly ordered, hydrothermally stable, mesoporous silica structures ［J］. Journal of the American Chemical Society, 1998, 120 (24): 6024-6036.

［139］ Lei J, Chen L, Yang P, et al. Oxidative desulfurization of diesel fuel by mesoporous phosphotungstic acid/SiO_2: the effect of preparation methods on catalytic performance ［J］. Journal of Porous Materials, 2013, 20: 1379-1385.

［140］ Patil C R, Rode C V. Synthesis of diesel additives from fructose over PWA/SBA-15 catalyst ［J］. Fuel, 2018, 217: 38-44.

［141］ 中华人民共和国国家技术监督局. 航空燃料冰点测定法: GB/T 2340—2008 ［S］. 北京: 中国标准出版社, 2008: 127.

［142］ Castanheiro J E, Fonseca I M, Ramos A M, et al. Tungstophosphoric acid immobilised in SBA-15 as an efficient heterogeneous acid catalyst for the conversion of terpenes and free fatty acids ［J］. Microporous and Mesoporous Materials, 2017, 249: 16-24.

［143］ Zhang L, He, H Q, Zhou W J, et al. Fabrication of novel phosphotungstic acid functionalized mesoporous silica composite membrane by alternative gel-casting technique ［J］. Journal of power sources, 2013, 221: 318-327.

［144］ Pizzio L R, Vázquez P G, Cáceres C V, et al. Supported Keggin type heteropolycompounds for ecofriendly reactions ［J］. Applied Catalysis A: General, 2003, 256 (1-2): 125-139.

［145］ 史春风, 万利丰, 王润伟, 等. 新型复合介孔材料 HPMo/SBA-15 的合成与表征 ［J］. 高等学校化学学报, 2006, 27 (7): 1194-1197.

［146］ 雷敏, 高倩, 王双飞, 等. 金属-有机骨架负载磷钼酸处理漂白废水中 AOX 的研究 ［J］. 中国造纸, 2021, 40 (1): 1-8.

［147］ Kruk M, Jaroniec M, Ko C H, et al. Characterization of the porous structure of SBA-15 ［J］.

Chemistry of materials, 2000, 12 (7): 1961-1968.

[148] Melero J A, Stucky G D, van Grieken R, et al. Direct syntheses of ordered SBA-15 mesoporous materials containing arenesulfonic acid groups [J]. Journal of Materials Chemistry, 2002, 12 (6): 1664-1670.

[149] Zhao D, Feng J, Huo Q, et al. Triblock copolymer syntheses of mesoporous silica with periodic 50 to 300 angstrom pores [J]. science, 1998, 279 (5350): 548-552.

[150] Lanzafame P, Perathoner S, Centi G, et al. Synthesis and characterization of Co-containing SBA-15 catalysts [J]. Journal of Porous Materials, 2007, 14: 305-313.

[151] Jung J K, Lee Y, Choi J W, et al. Production of high-energy-density fuels by catalytic β-pinene dimerization: effects of the catalyst surface acidity and pore width on selective dimer production [J]. Energy Conversion and Management, 2016, 116: 72-79.

[152] Chung H S, Chen C S H, Kremer R A, et al. Recent developments in high-energy density liquid hydrocarbon fuels [J]. Energy & Fuels, 1999, 13 (3): 641-649.

[153] Meylemans H A, Baldwin L C, Harvey B G. Low-temperature properties of renewable high-density fuel blends [J]. Energy & fuels, 2013, 27 (2): 883-888.

[154] Corma A, de la Torre O, Renz M. Production of highquality diesel from cellulose and hemicellulose by the Sylvan process: catalysts and process variables [J]. Energy & Environmental Science, 2012, 5 (4): 6328-6344.

[155] Corma Canós A, De la Torre Alfaro O, Renz M. High-quality diesel from hexose-and pentose-derived biomass platform molecules [J]. Chem Sus Chem, 2011, 4 (11): 1574-1577.

[156] Li G, Li N, Wang Z, et al. Synthesis of high-quality diesel with furfural and 2-methylfuran from hemicellulose [J]. Chem Sus Chem, 2012, 5 (10): 1958-1966.

[157] Arias K S, Climent M J, Corma A, et al. Two-dimensional ITQ-2 zeolite for biomass transformation: synthesis of alkyl 5-benzyl-2-furoates as intermediates for fine chemicals [J]. ACS Sustainable Chemistry & Engineering, 2016, 4 (11): 6152-6159.

[158] Anaya F, Zhang L, Tan Q, et al. Tuning the acid-metal balance in Pd/and Pt/zeolite catalysts for the hydroalkylation of m-cresol [J]. Journal of Catalysis, 2015, 328: 173-185.

[159] Climent M J, Corma A, Iborra S. Conversion of biomass platform molecules into fuel additives and liquid hydrocarbon fuels [J]. Green Chemistry, 2014, 16 (2): 516-547.

[160] Kagayama A, Igarashi K, Mukaiyama T. Efficient method for the preparation of pinacols derived from aromatic and aliphatic ketones by using low-valent titanium reagents in dichloromethane-pivalonitrile [J]. Canadian Journal of Chemistry, 2000, 78 (6): 657-665.

[161] Wu X, Fan X, Xie S, et al. Solar energy-driven lignin-first approach to full utilization of lignocellulosic biomass under mild conditions [J]. Nature catalysis, 2018, 1 (10): 772-780.

[162] Zhang Y, He H, Liu Y, et al. Recent progress in theoretical and computational studies on the utilization of lignocellulosic materials [J]. Green Chemistry, 2019, 21 (1): 9-35.

[163] Shylesh S, Gokhale A A, Ho C R, et al. Novel strategies for the production of fuels, lubricants, and chemicals from biomass [J]. Accounts of chemical research, 2017, 50 (10): 2589-2597.

[164] Sheng X, Li G, Wang W, et al. Dual-bed catalyst system for the direct synthesis of highdensity

aviation fuel with cyclopentanone from lignocellulose [J]. AIChE Journal, 2016, 62 (8): 2754-2761.

[165] Xie J, Zhang X, Liu Y, et al. Synthesis of high-density liquid fuel via Diels-Alder reaction of dicyclopentadiene and lignocellulose-derived 2-methylfuran [J]. Catalysis Today, 2019, 319: 139- 144.

[166] Harrison K W, Harvey B G. Renewable highdensity fuels containing tricyclic sesquiterpanes and alkyl diamondoids [J]. Sustainable Energy & Fuels, 2017, 1 (3): 467-473.

[167] Jing Y, Xia Q, Xie J, et al. Robinson annulation-directed synthesis of jet-fuel-ranged alkylcyclohexanes from biomass-derived chemicals [J]. ACS Catalysis, 2018, 8 (4): 3280-3285.

[168] Pan L, Xie J, Nie G, et al. Zeolite catalytic synthesis of high-performance jet-fuel-range spiro-fuel by one-pot Mannich-Diels-Alder reaction [J]. AIChE Journal, 2020, 66 (1): e16789.

[169] Xie J, Zhang X, Shi C, et al. Self-photosensitized [2+2] cycloaddition for synthesis of high-energy-density fuels [J]. Sustainable Energy & Fuels, 2020, 4 (2): 911-920.

[170] 石云飞, 张桧, 钟旭阳, 等. 诺蒎酮的合成工艺研究 [J]. 林产化学与工业, 2020, 40 (2): 125-130.

[171] Wilsey S, González L, Robb M. A, et al. Ground-and Excited-State Surfaces for the [2+2] -Photocycloaddition of α, β-Enones to Alkenes [J]. Journal of the American Chemical Society, 2000, 122 (24): 5866-5876.

[172] Domingo L, Ríos-Gutiérrez M, Pérez P. Unveiling the high reactivity of cyclohynes in [3+2] cycloaddition reactions through the molecular electron density theory [J]. Organic & Biomolecular Chemistry, 2019, 17 (3): 498-508.

[173] Szuppa T, Stolle A, Ondruschka B, et al. An Alternative Solvent-Free Synthesis of Nopinone under Ball-Milling Conditions: Investigation of Reaction Parameters [J]. ChemSusChem, 2010, 3 (10): 1181-1191.

[174] Wang Y, Wu C, Zhang Q, et al. Design, synthesis and biological evaluation of novel β-pinene-based thiazole derivatives as potential anticancer agents via mitochondrial-mediated apoptosis pathway [J]. Bioorganic chemistry, 2019, 84: 468-477.

[175] 王石发, 张志杰, 吴君, 等. 一类蒎烷基-2-氨基嘧啶类化合物及其合成方法和应用 CN201410226625. X [P]. 2014-05-26.

[176] Zhuo L G, Liao W, Yu Z X. A frontier molecular orbital theory approach to understanding the Mayr equation and to quantifying nucleophilicity and electrophilicity by using HOMO and LUMO energies [J]. Asian Journal of Organic Chemistry, 2012, 1 (4): 336-345.

[177] Lan X, Hensen E J, Weber T. Hydrodeoxygenation of guaiacol over Ni_2P/SiO_2-reaction mechanism and catalyst deactivation [J]. Applied Catalysis a-General, 2018, 550: 57-66.

[178] Zhang J, Sun J, Sudduth B, et al. Liquid-phase hydrodeoxygenation of lignin-derived phenolics on Pd/Fe: A mechanistic study [J]. Catalysis Today, 2020, 339: 305-311.

[179] Ansaloni S, Russo N, Pirone R. Hydrodeoxygenation of guaiacol over molybdenum-based catalysts: the effect of support and the nature of the active site [J]. The Canadian Journal of Chemical Engineering, 2017, 95 (9): 1730-1744.

[180] Wang C, Wang L, Zhang J, et al. Product selectivity controlled by zeolite crystals in biomass

hydrogenation over a palladium catalyst [J]. Journal of the American Chemical Society, 2016, 138 (25): 7880-7883.

[181] Mabon R, Richecoeur A M, Sweeney J B. Preparation and Reactions of 3, 4-Bis (tributylstan-nyl) -2 (5H) -furanone [J]. The Journal of Organic Chemistry, 1999, 64 (2): 328-329.

[182] Jackl M K, Kreituss I, Bode J W. Synthesis of tetrahydronaphthyridines from aldehydes and HARP reagents via radical pictet-spengler reactions [J]. Organic letters, 2016, 18 (8): 1713-1715.

[183] Bovonsombat P, Leykajarakul J, Khan C, et al. Regioselective iodination of phenol and ana-logues using N-iodosuccinimide and p-toluenesulfonic acid [J]. Tetrahedron Letters, 2009, 50 (22): 2664-2667.

[184] Světlík J, Tureek F, Hartwich K, et al. Cerium (Ⅳ) based oxidative free radical cyclization of active methylene compounds with some cyclic alkenes: A useful annulation method for terpene functionalization [J]. Tetrahedron, 2019, 75 (18): 2652-2663.

[185] Nair V, Balagopal L, Rajan R, et al. Recent advances in synthetic transformations mediated by cerium (IV) ammonium nitrate [J]. Accounts of chemical research, 2004, 37 (1): 21-30.

[186] Xiang L, Liu M, Fan G. et al. MoO_x-Decorated ZrO_2 Nanostructures Supporting Ru Nanoclus-ters for Selective Hydrodeoxygenation of Anisole to Benzene [J]. ACS Applied Nano Materials, 2021, 4 (11): 12588-12599.

[187] Wang A, Shi Y, Yang L, et al. Ordered macroporous Co_3O_4-supported Ru nanoparticles: A ro-bust catalyst for efficient hydrodeoxygenation of anisole [J]. Catalysis Communications, 2021, 153: 106302.

[188] Li X, Chen L, Chen G, et al. The relationship between acidity, dispersion of nickel, and per-formance of Ni/Al-SBA-15 catalyst on eugenol hydrodeoxygenation [J]. Renewable Energy, 2020, 149: 609-616.

[189] Yang Y, Liu X, Xu Y, et al. Palladium-incorporated α-MoC mesoporous composites for en-hanced direct hydrodeoxygenation of anisole [J]. Catalysts, 2021, 11 (3): 370.

[190] Yu Z, Yao Y, Wang Y, et al. A bifunctional Ni_3P/γ-Al_2O_3 catalyst prepared by electroless plat-ing for the hydrodeoxygenation of phenol [J]. Journal of Catalysis, 2021, 396: 324-332.

[191] Taghvaei H, Moaddeli A, Khalafi-Nezhad A, et al. Catalytic hydrodeoxygenation of lignin pyro-lytic-oil over Ni catalysts supported on spherical Al-MCM-41 nanoparticles: Effect of Si/Al ratio and Ni loading [J]. Fuel, 2021, 293: 120493.

[192] 遇冶权. Ni_3P基催化剂的制备及苯酚加氢脱氧性能 [D]. 大连: 大连理工大学, 2019.

[193] Saidi M, Moradi P. Catalytic hydrotreatment of lignin-derived pyrolysis bio-oils using Cu/γ-Al_2O_3 catalyst: Reaction network development and kinetic study of anisole upgrading [J]. Internation-al Journal of Energy Research, 2021, 45 (6): 8267-8284.

[194] Aqsha A, Katta L, Tijani M M, et al. Investigation of catalytic hydrodeoxygenation of anisole as bio-oil model compound over Ni-Mo/TiO_2 and Ni-V/TiO_2 catalysts: Synthesis, kinetic, and re-action pathways studies [J]. The Canadian Journal of Chemical Engineering, 2021, 99 (5): 1094-1106.

[195] Shao Y, Xia Q, Liu X, et al. $Pd/Nb_2O_5/SiO_2$ catalyst for the direct hydrodeoxygenation of bio-

mass-related compounds to liquid alkanes under mild conditions [J]. ChemSusChem, 2015, 8 (10): 1761-1767.

[196] Duan Y, Zhang J, Li D, et al. Direct conversion of carbohydrates to diol by the combination of niobic acid and a hydrophobic ruthenium catalyst [J]. RSC advances, 2017, 7 (42): 26487-26493.

[197] Xi J, Xia Q, Shao Y, et al. Production of hexane from sorbitol in aqueous medium over Pt/NbOPO₄ catalyst [J]. Applied Catalysis B: Environmental, 2016, 181: 699-706.

[198] Pham H N, Pagan-Torres Y J, Serrano-Ruiz J C., et al. Improved hydrothermal stability of niobia-supported Pd catalysts [J]. Applied Catalysis A: General, 2011, 397 (1-2): 153-162.

[199] Jin S, Xiao Z, Chen X, et al. Cleavage of lignin-derived 4-O-5 aryl ethers over nickel nanoparticles supported on niobic acid-activated carbon composites [J]. Industrial & Engineering Chemistry Research, 2015, 54 (8): 2302-2310.

[200] Heracleous E, Delimitis A, Nalbandian L, et al. HRTEM characterization of the nanostructural features formed in highly active Ni-Nb-O catalysts for ethane ODH [J]. Applied Catalysis A: General, 2007, 325 (2): 220-226.

[201] Rojas E, Delgado J J, Guerrero-Pérez M O, et al. Performance of NiO and Ni-Nb-O active phases during the ethane ammoxidation into acetonitrile [J]. Catalysis Science & Technology, 2013, 3 (12): 3173-3182.

[202] Heracleous E, Lemonidou A A. Ni-Nb-O mixed oxides as highly active and selective catalysts for ethene production via ethane oxidative dehydrogenation. Part Ⅰ: Characterization and catalytic performance [J]. Journal of Catalysis, 2006, 237 (1): 162-174.

[203] Skoufa Z, Heracleous E, Lemonidou A A. Unraveling the contribution of structural phases in Ni-Nb-O mixed oxides in ethane oxidative dehydrogenation [J]. Catalysis today, 2012, 192 (1): 169-176.

[204] Salagre P, Fierro J L G, Medina F, et al. Characterization of nickel species on several γ-alumina supported nickel samples [J]. Journal of Molecular Catalysis A: Chemical, 1996, 106 (1-2): 125-134.

[205] Pomeroy B, Grilc M, Gyergyek S, et al. Catalyst structure-based hydroxymethylfurfural (HMF) hydrogenation mechanisms, activity and selectivity over Ni [J]. Chemical Engineering Journal, 2021, 412: 127553.

[206] Yan P, Kennedy E, Stockenhuber M. Natural zeolite supported Ni catalysts for hydrodeoxygenation of anisole [J]. Green Chemistry, 2021, 23 (13): 4673-4684.

[207] Zhang Y, Fan G, Yang L, et al. Cooperative effects between Ni-Mo alloy sites and defective structures over hierarchical Ni-Mo bimetallic catalysts enable the enhanced hydrodeoxygenation activity [J]. ACS Sustainable Chemistry & Engineering, 2021, 9 (34): 11604-11615.

[208] Rynkowski J M, Paryjczak T, Lenik M. On the nature of oxidic nickel phases in NiO/γ-Al₂O₃ catalysts [J]. Applied Catalysis A: General, 1993, 106 (1): 73-82.

[209] Song W, He Y, Lai S, et al. Selective hydrodeoxygenation of lignin phenols to alcohols in the aqueous phase over a hierarchical Nb₂O₅-supported Ni catalyst [J]. Green Chemistry, 2020, 22 (5): 1662-1670.

[210] Niwa M, Katada N, Sawa M, et al. Temperature-programmed desorption of ammonia with readsorption based on the derived theoretical equation [J]. The Journal of Physical Chemistry, 1995, 99 (21): 8812-8816.

[211] Alonso D M, Wettstein S G, Dumesic J A. Bimetallic catalysts for upgrading of biomass to fuels and chemicals [J]. Chemical Society Reviews, 2012, 41 (24): 8075-8098.

[212] Heracleous E, Lemonidou A A. Ni-Nb-O mixed oxides as highly active and selective catalysts for ethene production via ethane oxidative dehydrogenation. Part II: Mechanistic aspects and kinetic modeling [J]. Journal of Catalysis, 2006, 237 (1): 175-189.

[213] Savova B, Loridant S, Filkova D, et al. Ni-Nb-O catalysts for ethane oxidative dehydrogenation [J]. Applied Catalysis A: General, 2010, 390 (1-2): 148-157.

[214] Zhao C, He J, Lemonidou A A, et al. Aqueous-phase hydrodeoxygenation of bio-derived phenols to cycloalkanes [J]. Journal of Catalysis, 2011, 280 (1): 8-16.

[215] Rezvani M A, Miri O F. Synthesis and characterization of PWMn/NiO/PAN nanosphere composite with superior catalytic activity for oxidative desulfurization of real fuel [J]. Chemical Engineering Journal, 2019, 369: 775-783.

[216] Rezvani M A, Rahmani P. Synthesis and characterization of new nanosphere hybrid nanocomposite polyoxometalate@ ceramic@ polyaniline as a heterogeneous catalyst for oxidative desulfurization of real fuel [J]. Advanced Powder Technology, 2019, 30 (12): 3214-3223.

[217] Rezvani M A, Shaterian M, Aghmasheh M. Catalytic oxidative desulphurization of gasoline using amphiphilic polyoxometalate@ polymer nanocomposite as an efficient, reusable, and green organic-inorganic hybrid catalyst [J]. Environmental technology, 2020, 41 (10): 1219-1231.

[218] Rezvani M A, Imani A. Ultra-deep oxidative desulfurization of real fuels by sandwich-type polyoxometalate immobilized on copper ferrite nanoparticles, $Fe_6W_{18}O_{70} \subset CuFe_2O_4$, as an efficient heterogeneous nanocatalyst [J]. Journal of Environmental Chemical Engineering, 2021, 9 (1): 105009.

[219] Rezvani M A, Afshari P, Aghmasheh M. Deep catalytic oxidative desulfurization process catalyzed by TBA-PWFe@ NiO@ BNT composite material as an efficient and recyclable phase-transfer nanocatalyst [J]. Materials Chemistry and Physics, 2021, 267: 124662.

[220] Rezvani M A, Hadi M, Rezvani H. Synthesis of new nanocomposite based on ceramic and heteropolymolybdate using leaf extract of Aloe vera as a high-performance nanocatalyst to desulfurization of real fuel [J]. Applied Organometallic Chemistry, 2021, 35 (5): e6176.

[221] 付娟. 负载型 Ni_2P 催化剂催化苯甲醚加氢脱氧的研究 [D]. 厦门: 厦门大学, 2017.

[222] Duong N N, Aruho D, Wang B, et al. Hydrodeoxygenation of anisole over different Rh surfaces [J]. Chinese Journal of Catalysis, 2019, 40 (11): 1721-1730.

[223] Nesterov N S, Smirnov A A, Pakharukova V P, et al. Advanced green approaches for the synthesis of NiCu-containing catalysts for the hydrodeoxygenation of anisole [J]. Catalysis Today, 2021, 379: 262-271.

[224] Saidi M, Safaripour M. Aqueous phase hydrodeoxygenation of anisole as a pyrolysis lignin-derived bio-oil by ether-functionalized ionic polymer-stabilized Ni-Mo nanocatalyst [J]. Sustainable Energy Technologies and Assessments, 2022, 49: 101770.

［225］ Ambursa M M, Juan J C, Yahaya Y, et al. A review on catalytic hydrodeoxygenation of lignin to transportation fuels by using nickel-based catalysts ［J］. Renewable and Sustainable Energy Reviews, 2021, 138: 110667.

［226］ 高洁, 常骋昊, 吕冰佳, 等. Ni/AC 催化剂的制备、表征与 1,4-丁炔二醇加氢性能 ［J］. 集成技术, 2023, 12 (06): 83-92.

［227］ Benard-Rocherulle P, Députier S, Charki F, et al. X-ray powder diffraction data for the ternary phases $W_5As_{2.5}P_{1.5}$ and $Ni_4Nb_5P_4$ ［J］. Powder Diffraction, 1999, 14 (2): 126-129.

［228］ Rao G S, Rajan N P, Pavankumar V, et al. Vapour phase dehydration of glycerol to acrolein over $NbOPO_4$ catalysts ［J］. Journal of Chemical Technology & Biotechnology, 2014, 89 (12): 1890-1897.

［229］ 胡雪琪, 吕帅, 赵燕熹, 等. 高比表面积双孔 SiO_2 负载钴基催化剂费托合成反应性能研究 ［J］. 燃料化学学报 (中英文), 2023, 51 (06): 768-775.

［230］ Xia H, Xiao W, Lai M O, et al. Facile synthesis of novel nanostructured MnO_2 thin films and their application in supercapacitors ［J］. Nanoscale research letters, 2009, 4: 1035-1040.

［231］ 于嫚, 周影影, 应楷睿, 等. Fe^{3+} 掺杂 $LaNiO_3$ 钙钛矿陶瓷的制备及其吸波性能 ［J］. 航空材料学报, 2023, 43 (06): 90-97.

［232］ 邓贵先. 镍基催化剂的设计及其催化含氧 CO_2-CH_4 重整性能研究 ［D］. 昆明: 昆明理工大学, 2022.

［233］ Yu Z, Wang Y, Liu S, et al. Aqueous phase hydrodeoxygenation of phenol over Ni_3P-$CePO_4$ catalysts ［J］. Industrial & Engineering Chemistry Research, 2018, 57 (31): 10216-10225.

［234］ Sun P, Long X, He H, et al. Conversion of cellulose into isosorbide over bifunctional ruthenium nanoparticles supported on niobium phosphate ［J］. ChemSusChem, 2013, 6 (11): 2190-2197.

［235］ Granados M L, Galisteo F C, Lambrou P S, et al. Role of P-containing species in phosphated CeO_2 in the deterioration of its oxygen storage and release properties ［J］. Journal of Catalysis, 2006, 239 (2): 410-421.

［236］ Granados M L, Galisteo F C, Lambrou P S, et al. Role of P-containing species in phosphated CeO_2 in the deterioration of its oxygen storage and release properties ［J］. Journal of Catalysis, 2006, 239 (2): 410-421.

［237］ Deng Y, Yang Y, Ge L, et al. Preparation of magnetic Ni-P amorphous alloy microspheres and their catalytic performance towards thermal decomposition of ammonium perchlorate ［J］. Applied Surface Science, 2017, 425: 261-271.

［238］ Huang Z, Chen Z, Chen Z, et al. $Ni_{12}P_5$ nanoparticles as an efficient catalyst for hydrogen generation via electrolysis and photoelectrolysis ［J］. ACS nano, 2014, 8 (8): 8121-8129.

［239］ Pu Z, Liu Q, Tang C, et al. Ni_2P nanoparticle films supported on a Ti plate as an efficient hydrogen evolution cathode ［J］. Nanoscale, 2014, 6 (19): 11031-11034.

［240］ Du X, Gao X, Fu Y, et al. The co-effect of Sb and Nb on the SCR performance of the V_2O_5/TiO_2 catalyst ［J］. Journal of colloid and interface science, 2012, 368 (1): 406-412.

［241］ Sawhill S J, Layman K A, Van Wyk D R, et al. Thiophene hydrodesulfurization over nickel phosphide catalysts: effect of the precursor composition and support ［J］. Journal of Catalysis,

2005, 231 (2): 300-313.

[242] Ausavasukhi A, Sooknoi T, Resasco D E. Catalytic deoxygenation of benzaldehyde over gallium-modified ZSM-5 zeolite [J]. Journal of Catalysis, 2009, 268 (1): 68-78.

[243] Philippe M, Richard F, Hudebine D, et al. Inhibiting effect of oxygenated model compounds on the HDS of dibenzothiophenes over CoMoP/Al_2O_3 catalyst [J]. Applied Catalysis A: General, 2010, 383 (1-2): 14-23.

[244] Sepúlveda C, Escalona N, García R, et al. Hydrodeoxygenation and hydrodesulfurization co-processing over ReS_2 supported catalysts [J]. Catalysis Today, 2012, 195 (1): 101-105.

[245] 刘婧, 冷艳丽, 慕红梅, 等. 双金属团簇 $Cu_{12}Fe$ 吸附 CO 和 H_2 的理论研究 [J]. 原子与分子物理学报, 2023, 40 (02): 92-96.

[246] Chen B, Hui B, Dong Y, et al. Distributions of Ni in MCM-41 for the hydrogenation of N-ethyl-carbazole [J]. Fuel, 2022, 324: 124405.

[247] 左文华, 杜晓辉, 袁程远, 等. Y 型分子筛晶胞参数对其酸性及活性的影响 [J]. 石化技术与应用, 2015, 33 (06): 486-490.

[248] Jokar F, Alavi S M, Rezaei M. Investigating the hydroisomerization of n-pentane using Pt supported on ZSM-5, desilicated ZSM-5, and modified ZSM-5/MCM-41 [J]. Fuel, 2022, 324: 124511.

[249] Zhai C, Yin H, Li J, et al. Catalytic conversion of 2, 5-dichlorotoluene over Hβ zeolite, Ag/Hβ and Cu/Hβ catalysts in N_2 or H_2 atmosphere [J]. Reaction Kinetics, Mechanisms and Catalysis, 2017, 122: 369-384.

[250] Wang W, Wu K, Liu P, et al. Hydrodeoxygenation of p-cresol over Pt/Al_2O_3 catalyst promoted by ZrO_2, CeO_2, and CeO_2-ZrO_2 [J]. Industrial & Engineering Chemistry Research, 2016, 55 (28): 7598-7603.

[251] Liu X, Xu J, Li S, et al. Using XRD extrapolation method to design Ce-Cu-O solid solution catalysts for methanol steam reforming to produce H_2: The effect of CuO lattice capacity on the reaction performance [J]. Catalysis Today, 2022, 402: 228-240.

[252] Xue H, Meng T, Liu F, et al. Enhanced resistance to calcium poisoning on Zr-modified Cu/ZSM-5 catalysts for the selective catalytic reduction of NO with NH_3 [J]. RSC advances, 2019, 9 (66): 38477-38485.

[253] 薛亚楠, 张衡璇, 马倩, 等. 不同孔径 Ni-MCM-41 催化剂及用于甲烷部分氧化反应的研究 [J]. 应用化工, 2019, 48 (09): 2065-2069.

[254] 孟杰, 刘经伟, 朱伟, 等. M/Al-MCM-41 催化剂的制备及其催化氧化 VOCs 性能 [J]. 化工环保, 2022, 42 (05): 559-566.

[255] Roosta Z, Izadbakhsh A, Sanati A M, et al. Synthesis and evaluation ofNiO@ MCM-41 core-shell nanocomposite in the CO_2 reforming of methane [J]. Journal of Porous Materials, 2018, 25: 1135-1145.

[256] Saïd B, Sadouki K, Masse S, et al. Advanced Pd/$Ce_xZr_{(1-x)}O_2$/MCM-41 catalysts for methane combustion: Effect of the zirconium and cerium loadings [J]. Microporous and Mesoporous Materials, 2018, 260: 93-101.

[257] Binaeian E, Tayebi H A, Shokuhi A, et al. Adsorption of acid blue on synthesized polymeric

nanocomposites, PPy/MCM-41 and PAni/MCM-41: Isotherm, thermodynamic and kinetic studies [J]. Journal of Macromolecular Science, Part A, 2018, 55 (3): 269-279.

[258] Shi W, Wu W, Li S, et al. Investigation of Y/SBA composite molecular sieves morphology control and catalytic performance for n-Pentane aromatization [J]. Scientific Reports, 2016, 6 (1): 1-7.

[259] Yin W, Kloekhorst A, Venderbosch R H, et al. Catalytic hydrotreatment of fast pyrolysis liquids in batch and continuous set-ups using a bimetallic Ni-Cu catalyst with a high metal content [J]. Catalysis Science & Technology, 2016, 6 (15): 5899-5915.

[260] Barrio P, Kumar M, Lu Z, et al. Acidic Co-Catalysts in Cationic Gold Catalysis [J]. Chemistry-A European Journal, 2016, 22 (46): 16410-16414.

[261] Nascimento G E, Duarte M, Barbosa C. Cerium incorporated into a mesoporous molecular sieve (MCM-41) [J]. Brazilian Journal of Chemical Engineering, 2016, 33: 541-547.

[262] Najibi N, Koozegar B. Effect of Cu $^{2+}$, Si $^{4+}$ and Zr $^{4+}$ dopant on structural, optical and photocatalytic properties of titania nano powders [J]. Optical and quantum electronics, 2016, 48: 1-9.

[263] Echaroj S, Pannucharoenwong N, Rattanadecho P, et al. Investigation of palm fibre pyrolysis over acidic catalyst for bio-fuel production [J]. Energy Reports, 2021, 7: 599-607.

[264] Lima D S, Perez O W. Synthesis and properties of template-free mesoporous alumina and its application in gas phase dehydration of glycerol [J]. Powder Technology, 2021, 378: 737-745.

[265] Kim Y M, Jae J, Myung S, et al. Investigation into the lignin decomposition mechanism by analysis of the pyrolysis product of Pinus radiata [J]. Bioresource technology, 2016, 219: 371-377.

[266] Li C, Zhang C, Sun K, et al. Pyrolysis of saw dust with co-feeding of methanol [J]. Renewable Energy, 2020, 160: 1023-1035.

[267] Nagyházi M, LukácsÁ, Turczel G, et al. Catalytic Decomposition of Long-Chain Olefins to Propylene via Isomerization-Metathesis Using Latent Bicyclic (Alkyl) (Amino) Carbene-Ruthenium Olefin Metathesis Catalysts [J]. Angewandte Chemie International Edition, 2022, 61 (28): e202204413.

[268] Zheng Y, Wang J, Liu C, et al. Efficient and stable Ni-Cu catalysts for ex situ catalytic pyrolysis vapor upgrading of oleic acid into hydrocarbon: Effect of catalyst support, process parameters and Ni-to-Cu mixed ratio [J]. Renewable Energy, 2020, 8: 153-154.

[269] Prashant G, Swarit D, Adri D, et al. Coke resistant catalyst for hydrogen production in a versatile, multi-fuel, reformer [J]. Journal of Catalysis, 2021, 398-402.

[270] Liu X, Xu J, Li S, et al. Using XRD extrapolation method to design Ce-Cu-O solid solution catalysts for methanol steam reforming to produce H$_2$: The effect of CuO lattice capacity on the reaction performance [J]. Catalysis Today, 2022, 398- 402.

[271] Ohl S, Schol H, Kim U, et al. Storage performance of bio-oil after hydrodeoxygenative upgrading with noble metal catalysts [J]. Fuel, 2016, 182: 154- 160.

[272] Lv M, Zhou J, Zhang Y. Synergistic catalysis between nano-Ni and nano semiconductor CeO$_2$ of Ni hybrid nanostructured catalysts for highly efficient selective hydrogenation [J]. Catalysis Science & Technology, 2019, 9 (4): 992-1003.

[273] Chen S, Miao C, Luo Y, et al. Study of catalytic hydrodeoxygenation performance of Ni catalysts: Effects of prepared method [J]. Renewable Energy, 2018, 115: 1109-1117.

[274] 杜晓辉, 张海涛, 李雪礼, 等. La 交换 NaY 分子筛中的离子定位和迁移规律 [J]. 催化学报, 2013, 34 (08): 1599-1607.

[275] Zhang Z, Chen H, Wang C, et al. Efficient and stable Cu-Ni/ZrO$_2$ catalysts for in situ hydrogenation and deoxygenation of oleic acid into heptadecane using methanol as a hydrogen donor [J]. Fuel, 2018, (230): 211-217.

[276] Wang Z, Cheng X, Xu Y, et al. Effect of Co/Ce ratio on NO reduction by petroleum gas over Co-Ce-Ti oxide catalyst [J]. Reaction Kinetics, Mechanisms and Catalysis, 2021, 132 (2): 671-694.

[277] Hassn S, Jalil A, Satar M. Novel fabrication of photoactive CuO/HY zeolite as an efficient catalyst for photodecolorization of malachite green Topics in Catalysis, 2020, 63 (11-14): 1005-1016.

[278] Wong T, Guo X, Vi Meeyoo, et al. Supercritical ethanol liquefaction of rice husk to bio-fuel over modified graphene oxide [J]. Industrial & Engineering Chemistry Research, 2020, 59 (30): 13440-13449.

[279] Allaedini G, Tasirin S, Aminayi M. Synthesis of Fe-Ni-Ce trimetallic catalyst nanoparticles via impregnation and co-precipitation and their application to dye degradation [J]. Chem. Pap, 2016, (70): 231-242.

[280] Liu Z, Shi C, Dan W, et al. Synthesis of high-silica zeolite Y using sulfuric acid as an additive and its performance in the catalytic cracking of cumene [J]. Chinese Journal of Catalysis, 2022, 43: 1945-1954.

[281] Lv P, Yan L, Liu Y, et al. Catalytic conversion of coal pyrolysis vapors to light aromatics over hierarchical Y-type zeolites [J]. Journal of the Energy Institute, 2020: 1354-1363.

[282] Zhou C, Gao Q, Luo W, et al. Preparation, characterization and adsorption evaluation of spherical mesoporous Al-MCM-41 from coal fly ash [J]. Journal of the Taiwan Institute of Chemical Engineers, 2015, 52: 147-157.

[283] Zhng Z, Yang Q, Chen H, et al. In situ hydrogenation and decarboxylation of oleic acid into heptadecane over a Cu-Ni alloy catalyst using methanol as a hydrogen carrier [J]. Green Chemistry, 2018, 20 (1): 197-205.

[284] Zheng Y, Wang J, Liu C, et al. Efficient and stable Ni-Cu catalysts for ex-situ catalytic pyrolysis vapor upgrading of oleic acid into hydrocarbon: Effect of catalyst support, process parameters and Ni-to-Cu mixed ratio [J]. Renewable Energy, 2020, 154: 797-812.

[285] Omiu M, Jenab E, Chen M, et al. Production of Renewable Hydrocarbons by Thermal Cracking of Oleic Acid in the Presence of Water [J]. Energy & Fuels, 2017, 31 (9): 9446-9454.

[286] Makdee A, Chan C, Kid P, et al. The role of Ce addition in catalytic activity enhancement of TiO$_2$-supported Ni for CO$_2$ methanation reaction [J]. RSC Advances, 2020, 10 (45): 26952-26971.

[287] Sharma Y, Singh B. A hybrid feedstock for a very efficient preparation of biodiesel [J]. Fuel Processing Technology, 2010, 91 (10): 1267-1273.

[288] Wang Y, Fang Z, Zhang F. Esterification of oleic acid to biodiesel catalyzed by a highly acidic carbonaceous catalyst [J]. Catalysis Today, 2019, 319: 172-181.

[289] Mohamme Y, Abakr Y, Mokaya R. Catalytic Upgrading of Pyrolytic Oil via In-situ Hydrodeoxygenation [J]. Waste and Biomass Valorization, 2019, 11 (6): 2935-2947.

[290] J Santos, J Dias, L Dias, et al. Acidic characterization and activity of $(NH_4)_x Cs_{2.5-x} H_{0.5} PW_{12} O_{40}$ catalysts in the esterification reaction of oleic acid with ethanol [J]. Applied Catalysis A: General, 2012, 33: 443-444.

[291] Ilgen O. Investigation of reaction parameters, kinetics and mechanism of oleic acid esterification with methanol by using Amberlyst 46 as a catalyst [J]. Fuel Processing Technology, 2014, 124: 134-139.

[292] Togen N, Mmmae D, Arbso B, et al. Cerium Incorporated into a Mesoporous Molecular Sieve (MCM-41) [J]. Brazilian Journal of Chemical Engineering, 2016, 33 (3): 541-547.

[293] Zheng Y, Wang J, Liu C, et al. Efficient and stable Ni-Cu catalysts for ex situ catalytic pyrolysis vapor upgrading of oleic acid into hydrocarbon: Effect of catalyst support, process parameters and Ni-to-Cu mixed ratio [J]. Renewable Energy, 2020, 154: 797-812.

[294] Kim D, Hanifzadeh M, A Kumar. Trend of biodiesel feedstock and its impact on biodiesel emission characteristics [J]. Environmental Progress & Sustainable Energy, 2017, 37 (1): 7-19.

附　录

1. 燃料前驱体的¹HNMR、¹³CNMR 图谱

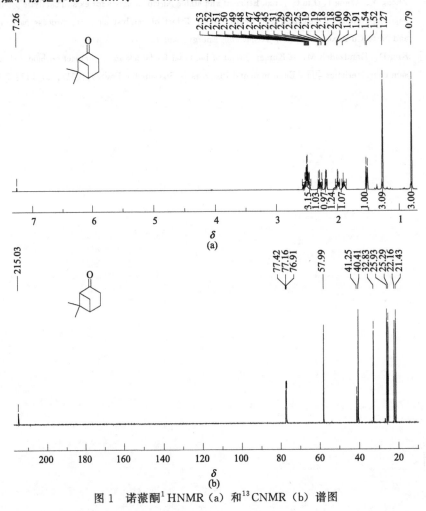

图 1　诺蒎酮¹HNMR（a）和¹³CNMR（b）谱图

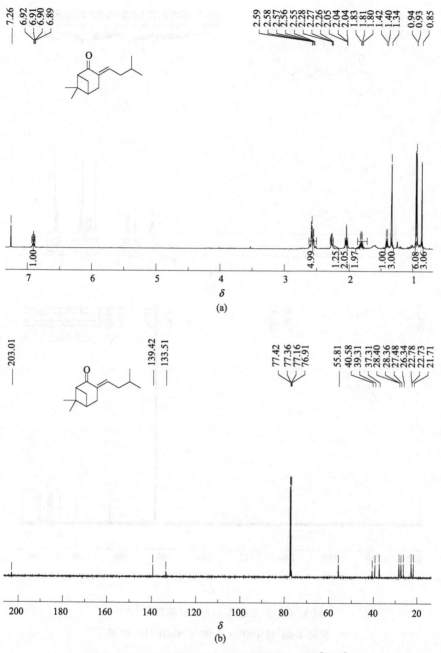

图 2 （E)-6,6-二甲基-3-(3-甲基亚丁基）双环[3.1.1]

庚烷-2-酮[1]HNMR（a）和[13]CNMR（b）谱图

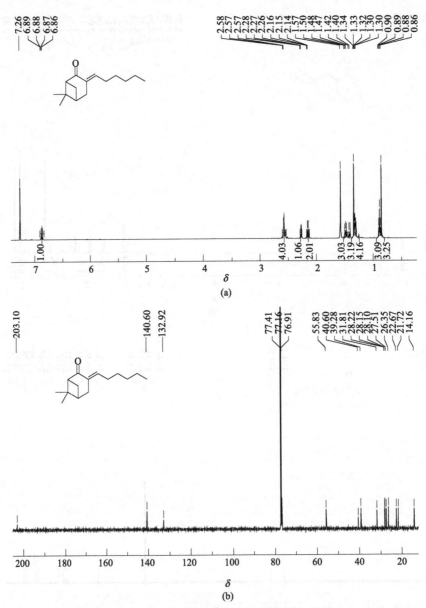

图 3　(E)-3-亚己基-6,6-二甲基双环[3.1.1]

庚烷-2-酮[1]HNMR（a）和[13]CNMR（b）谱图

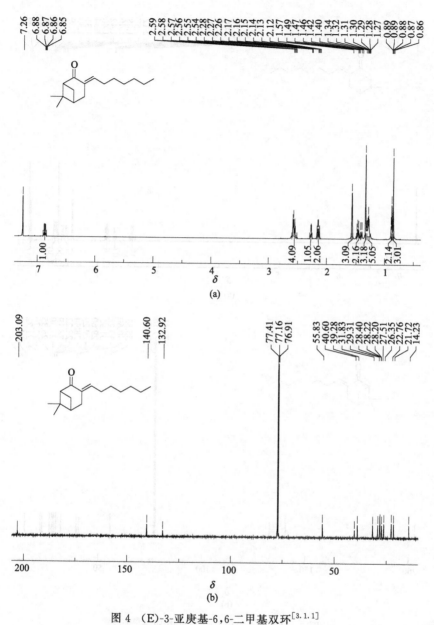

图 4 　(E)-3-亚庚基-6,6-二甲基双环[3.1.1]
庚烷-2-酮[1]HNMR（a）和 ^{13}CNMR（b）谱图

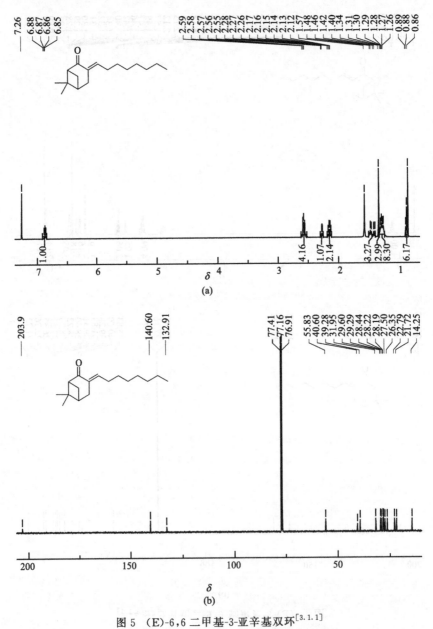

图 5 （E)-6,6 二甲基-3-亚辛基双环[3.1.1]

庚烷-2-酮[1]HNMR （a) 和[13]CNMR （b) 谱图

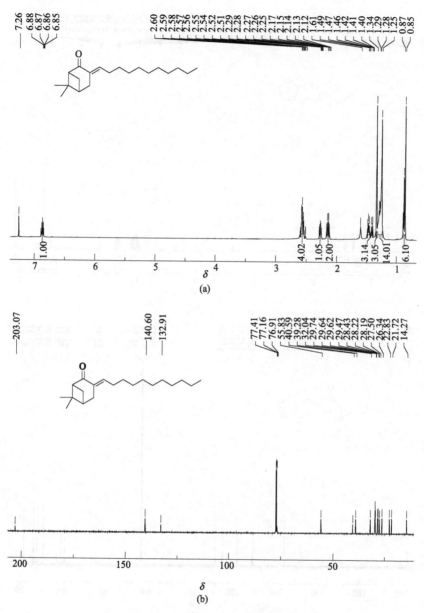

图 6 (E)-6,6-二甲基-3-十一烷基双环[3.1.1]
庚烷-2-酮 ^{1}HNMR (a) 和 ^{13}CNMR (b) 谱图

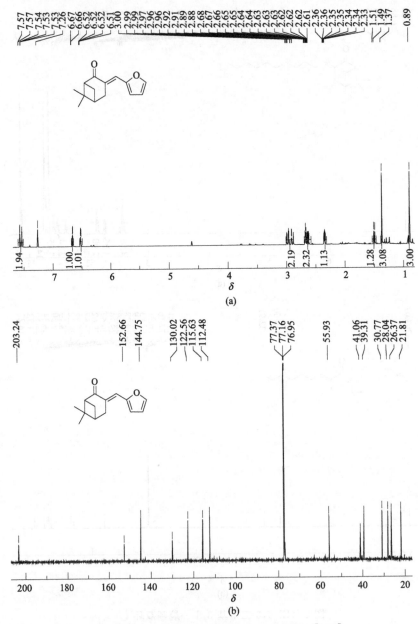

图 7 （E)-3-(呋喃-2-亚甲基)-6,6-二甲基双环[3.1.1]

庚烷-2-酮 ^{1}HNMR (a) 和 ^{13}CNMR (b) 谱图

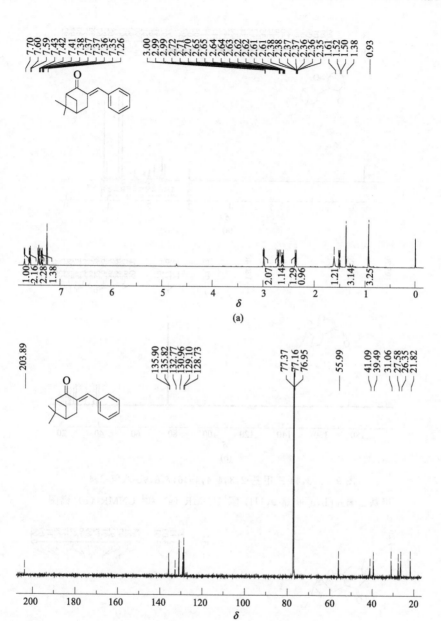

图 8　(E)-3-亚苄基-6,6-二甲基双环[3.1.1]

庚烷-2-酮 ^{1}HNMR（a）和 ^{13}CNMR（b）谱图

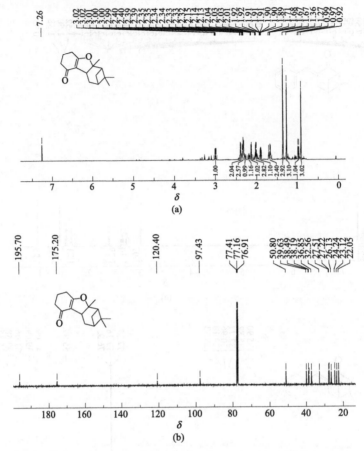

图 9　3,3,4a-三甲基-2,3,4,4,4a,6,7,8,9b-八氢-2,4-
甲基二苯并[b,d]呋喃-9(1H)-酮[1]HNMR（a）和[13]CNMR（b）谱图

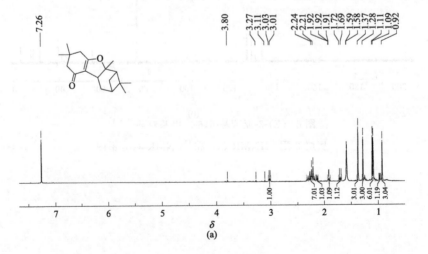

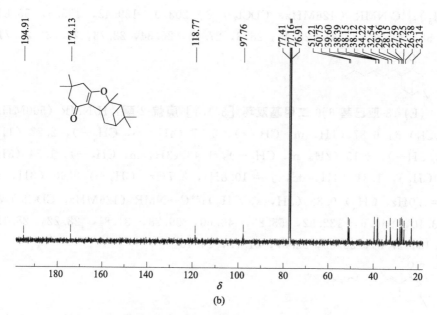

图10 3,3,4a,7,7-五甲基-2,3,4,4a,6,7,8,9b-八氢-2,4-
甲基二苯并[b,d]呋喃-9(1H)-酮[1]HNMR (a) 和[13]CNMR (b) 谱图

2. 燃料前驱体的[1]HNMR、^{13}CNMR 数据

①

诺 蒎 酮:^{1}H-NMR（500MHz，CDCl$_3$）δ：2.50（3H，m，CH—，
CH$_2$—），2.25（2H，m，CH$_2$—），1.94（2H，m，CH$_2$—），1.53（1H，
d，$J=10.1$Hz，CH—），1.27（3H，s，CH$_3$），0.79（3H，s，CH$_3$）;[13]C-
NMR（126MHz，CDCl$_3$）δ：215.03，57.99，41.25，40.41，32.83，
25.93，25.29，22.16，21.43。

②

(E)-6,6-二甲基-3-(3-甲基亚丁基) 双环 [3.1.1] 庚烷-2-酮:^{1}H-NMR
（500MHz，CDCl$_3$）δ：6.90（1H，dd，$J=8.8$Hz，6.5Hz，CH ），2.57
（5H，m，CH$_2$—），2.27（1H，m，CH—），2.04（2H，t，$J=1.3$Hz，
CH$_2$—），1.87 ~ 1.72（2H，m，CH$_2$—），1.41（1H，d，$J=9.4$Hz，
CH—），1.34（3H，s，CH$_3$），0.94（6H，s，CH$_3$）0.85（3H，s，

215

CH_3）;^{13}C-NMR（126MHz，$CDCl_3$）δ：203.0，139.42，133.5，55.81，40.58，39.31，37.31，28.40，28.3，27.48，26.34，22.78，22.73，21.71。

③

(E) -3-亚己基-6,6-二甲基双环 [3.1.1] 庚烷-2-酮：^{1}H-NMR（500MHz，$CDCl_3$）δ：6.87（1H，m，$CH=$），2.57（4H，m，$CH_2—$），2.27（1H，m，$CH—$），2.15（2H，m，$CH_2—$），1.48（3H，m，$CH_2—$），1.34（3H，s，CH_3），1.31（4H，dd，$J=10.8Hz$，$3.7Hz$，$CH_2—$）0.90（3H，d，$J=7.0Hz$，CH_3）0.86（3H，s，CH_3）;[13]C—NMR（126MHz，$CDCl_3$）δ：203.10，140.6，132.92，55.83，40.60，39.28，31.81，28.22，28.15，28.10，27.51，26.35，22.67，21.72，14.16。

④

(E) -3-亚庚基-6,6-二甲基双环 [3.1.1] 庚烷-2-酮：^{1}H-NMR（500MHz，$CDCl_3$）δ：6.87（1H，dd，$J=10.0Hz$，$5.0Hz$，$CH=$），2.56（4H，m，$CH_2—$），2.27（1H，t，$J=3.1Hz$，$CH—$）2.15（2H，m，$CH_2—$），1.45（4H，m，$CH_2—$），1.34（3H，s，CH_3），1.29（6H，m，$CH_2—$），0.89（3H，d，$J=6.6Hz$，CH_3），0.86（3H，s，CH_3）;[13]C—NMR（126MHz，$CDCl_3$）δ：203.09，140.60，132.92，55.83，40.60，39.28，31.83，29.31，28.40，28.22，28.20，27.51，26.35，22.76，21.72，14.23。

⑤

(E) -6,6二甲基-3-亚辛基双环 [3.1.1] 庚烷-2-酮：^{1}H-NMR（500MHz，$CDCl_3$）δ：6.88（1H，m，$CH=$），2.57（4H，m，$CH_2—$），2.27（1H，t，$J=3.1Hz$，$CH—$），2.15（2H，m，$CH—$），1.44（3H，dd，$J=28.0Hz$，$8.6Hz$，$CH_2—$），1.34（3H，s，CH_3），1.29（8H，m，$CH_2—$），0.87（6H，d，$J=10.6Hz$，CH_3）;[13]C—NMR（126MHz，$CDCl_3$）δ：203.09，140.60，132.91，55.83，40.60，39.28，31.95，29.60，29.29，28.44，28.22，28.19，27.50，26.35，22.79，21.72，14.25。

⑥

（E）-6,6-二甲基-3-十一烷基双环［3.1.1］庚烷-2-酮:^{1}H-NMR（500MHz，CDCl$_3$）δ：6.87（1H，t，J=7.4Hz，CH＝），2.57（4H，dd，J＝10.6Hz，3.7Hz，CH$_2$—），2.27（1H，m，CH—），2.15（2H，m，CH$_2$—），1.44（3H，dd，J＝25.6Hz，7.4Hz，CH$_3$），1.34（3H，s，CH$_3$），1.28（14H，m，CH$_2$—），0.86（6H，d，J＝10.6Hz，CH$_3$）;^{13}CNMR（126MHz，CDCl$_3$）δ：203.07，140.60，132.91，55.83，40.59，39.28，32.04，29.74，29.64，29.62，29.47，28.43，28.22，28.19，27.50，26.34，22.83，21.72，14.27.

⑦

（E）-3-（呋喃-2-亚甲基）-6,6-二甲基双环［3.1.1］庚烷-2-酮:^{1}H-NMR（600MHz，CDCl$_3$）δ：7.56（2H，m，CH＝），6.66（1H，d，J＝3.4Hz，CH＝），6.52（1H，dd，J＝3.4Hz，1.7Hz，CH＝），2.95（2H，m，CH$_2$—），2.64（2H，m，CH$_2$—），2.35（1H，tt，J＝5.7Hz，3.0Hz，CH—），1.50（1H，d，J＝10.4Hz，CH—），1.37（3H，s，CH$_3$），0.89（3H，s，CH$_3$）;^{13}C-NMR（151MHz，CDCl$_3$）δ：203.24，152.66，144.75，130.02，122.56，115.63，112.48，55.93，41.06，39.31，30.77，28.04，26.37，21.81。

⑧

（E）-3-亚苄基-6,6-二甲基双环［3.1.1］庚烷-2-酮:^{1}H-NMR（600MHz，CDCl$_3$）δ：7.70（1H，s，CH＝），7.60（2H，d，J＝7.5Hz，Ar—），7.42（2H，t，J＝7.6Hz，Ar—），7.37（1H，m，Ar—）2.99（2H，m，CH$_2$—），2.71（1H，t，J＝5.6Hz，CH—），2.64（1H，m，CH—），2.36（1H，dt，J＝5.9Hz，2.9Hz，CH$_2$—），1.51（1H，d，J＝10.5Hz，CH$_2$—），1.38（3H，s，CH$_3$），0.93（3H，s，CH$_3$）;^{13}C-NMR（151MHz，CDCl$_3$）δ：203.89，135.90，135.82，132.77，130.9，129.10，128.73，55.99，41.09，39.49，31.06，27.58，26.35，21.82。

⑨

3,3,4a-三甲基-2,3,4,4,4a,6,7,8,9b-八氢-2,4-甲基二苯并［b，d］呋喃-

9（1H）-酮：^{1}HNMR（500MHz，CDCl$_3$）δ：2.40（dd，$J=$5.6Hz，1.6Hz，2H，OCH—），2.34（m，2H，CH$_2$—），2.29（m，1H，CH—），2.19（dtd，$J=$10.3Hz，6.2Hz，1.9Hz，1H，CH—），2.13（m，1H，CH—），2.03（dd，$J=$6.5Hz，5.5Hz，3H，CH$_2$—），1.90（m，1H，CH$_2$—），1.68（m，2H，CH$_2$—），1.36（s，3H，CH$_3$），1.27（s，3H，CH$_3$），0.92（s，3H，CH$_3$）；[13]CNMR（126MHz，CDCl$_3$）δ：195.70，175.20，120.40，97.43，50.80，39.63，38.49，38.19，36.85，32.56，27.51，27.22，26.13，24.24，23.12，22.0。

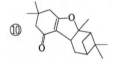

3,3,4a,7,7-五甲基-2,3,4,4a,6,7,8,9b-八氢-2,4-甲基二苯并［b，d］呋喃-9（1H）-酮：^{1}HNMR（500MHz，CDCl$_3$）δ：2.22（d，$J=$13.2Hz，7H，OCH—，CH$_2$—），2.14（dd，$J=$6.0，4.9Hz，1H，CH—），1.92（m，1H，CH$_2$—），1.70（d，$J=$13.8Hz，1H，CH—），1.37（s，3H，CH$_3$），1.28（s，3H，CH$_3$），1.10（d，$J=$7.7Hz，7H，CH$_2$—），0.92（s，3H，CH$_3$）；[13]C NMR（126MHz，CDCl$_3$）δ：194.9，174.13，118.77，97.76，51.2，50.7，39.60，38.39，38.15，38.12，34.22，32.54，29.36，28.15，27.59，27.25，26.38，23.14。

3. 加氢脱氧产物的 ¹HNMR、¹³CNMR 谱图

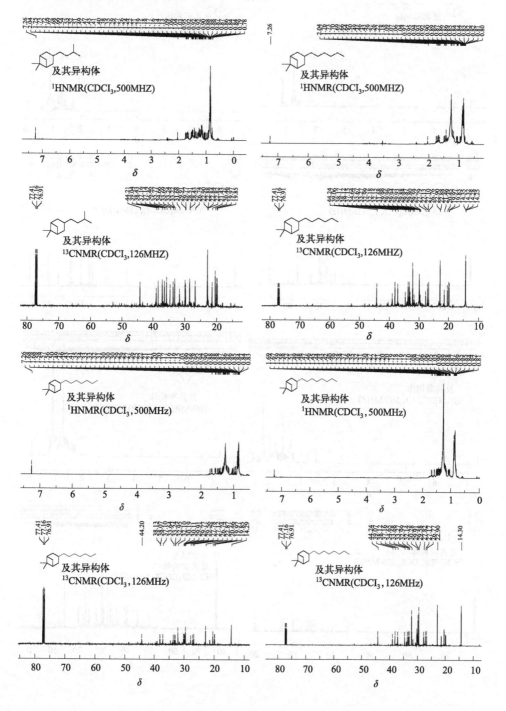

及其异构体
¹HNMR(CDCl₃,500MHZ)

及其异构体
¹HNMR(CDCl₃,500MHZ)

及其异构体
¹³CNMR(CDCl₃,126MHZ)

及其异构体
¹³CNMR(CDCl₃,126MHZ)

及其异构体
¹HNMR(CDCl₃,500MHz)

及其异构体
¹HNMR(CDCl₃,500MHz)

及其异构体
¹³CNMR(CDCl₃,126MHz)

及其异构体
¹³CNMR(CDCl₃,126MHz)

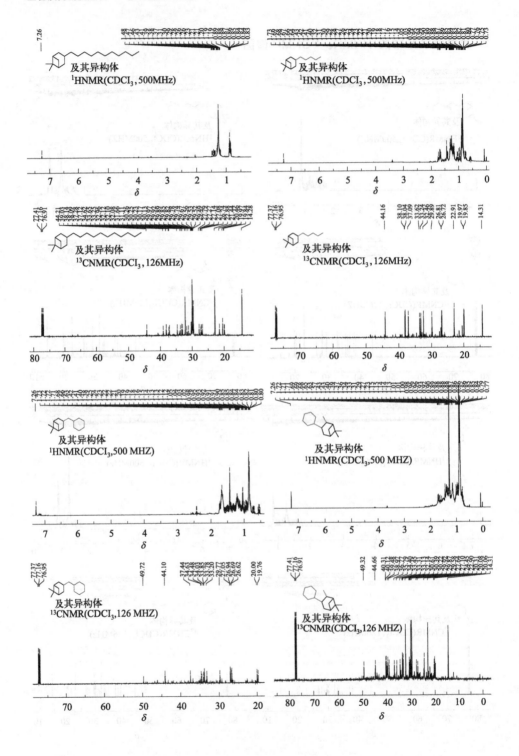

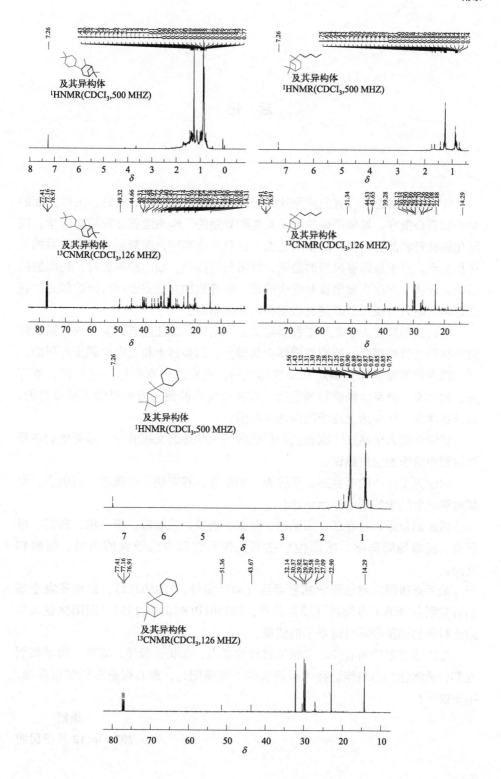

及其异构体
¹HNMR(CDCI₃,500 MHZ)

及其异构体
¹HNMR(CDCI₃,500 MHZ)

及其异构体
¹³CNMR(CDCI₃,126 MHZ)

及其异构体
¹³CNMR(CDCI₃,126 MHZ)

及其异构体
¹HNMR(CDCI₃,500 MHZ)

及其异构体
¹³CNMR(CDCI₃,126 MHZ)

后 记

值本书完成之际，首先感谢陕绍云教授多年对我学习、科研、工作方面的关心和精心指导。恩师严谨的治学态度和勤勉的工作态度教导我踏实求学；国际化的视野和前沿而精髓的学术造诣，让我永生难忘，深刻影响着我日后的工作和生活。感谢恩师春风般的教诲，灯塔般的指引，如山般的支持，初阳般的温暖，让我一次次克服困难并继续前进，培养我独立自主进行科研的能力。在此谨向陕绍云教授致以崇高的敬意和衷心的感谢。

感谢昆明理工大学化学工程学院支云飞老师、苏红莹老师及其课题组的师弟师妹们对我的帮助。特别感谢缪应菊博士、刘毅博士和王守宏硕士的帮助。

感谢我的领导和同事对我理解和支持，特别感谢李向红、庄长福、刘守庆、刘祥义、侯英、杨晓琴等老师，在实验仪器的使用方面提供了很多方便，以及在学业上和生活上给予的帮助和鼓励！

感谢云南大学高红飞副教授和昆明医科大学孙忠文副教授，感谢他们在写作过程中给予的宝贵建议。

向研究工作中的李克杰、李婷婷、刘斯琳、谷克鹏、许瑞洁、刘明志、邓梦林等同学给予的帮助表示感谢！

感谢熊超级、杜春江、韦承珊、张凯、杨梦、宋春霞、李乃栋、高芸、唐莉清、汪海翔等同学，感谢他们在书稿撰写过程中给予我的帮助、理解和支持。

最后感谢国家自然科学基金项目（项目编号：32360362）、云南省农业基础研究联合专项重点项目（项目编号：202301BD070001-158）、西南林业大学博士科研启动基金项目对本书的资助。

谨以本书献给所有关心和帮助过我的亲人、师长、领导、同事、同学和朋友们，感谢你们的陪伴让我的科研道路上充满阳光，衷心祝愿你们健康幸福、平安快乐！

徐娟

2024 年 12 月于昆明